Semi-permanent Make-up

Contour Make-up Design Book

PREFACE

메이크업을 시작하는 아티스트는 실습의 반복을 통해 메이크업 기술을 익혀야 한다. 아름다움에 대한 가치관은 그 시대와 사회적 · 문화적 배경에 따라 다르게 표현되어지며 최근 화장법은 개인적 이미지와 성향까지 고려하여 표현한다. 미용업계는 고령화되는 소비자와 바쁜 현대인에게 생활의 편리함과 시간을 단축시켜 주는 화장 기술을 도입하였다. 기술면에서 지워지지 않는 메이크업 기법은 여성뿐 아니라 남성에게도 더 자신감 있는 사회활동을 할 수 있도록 단점을 보완하며, 반영구 메이크업 또는 반영구화장은 현재 매우 각광 받으며 소비성이 높은 메이크업 기술 분야로 떠오르고 있다.

반영구 메이크업에 대한 디자인 북은 기초지식을 통해 형과 이미지를 이해하고 비례에 맞는 표준형 얼굴의 아름다움과 유행패턴, 얼굴의 대칭성, 색의 조화, 관상학 등을 통해 다양한 디자인을 연습할 수 있도록 하였다. 모델의 얼굴에 반영구 화장을 하기 전 충분한 패턴 연습과 디자인 연습을 통해 성공적인 메이크업을 할 수 있도록 반영구 메이크업 시술의 노하우를 알려줄 수 있는 지침서로 체계적인 교육 자료를 준비 하였다.

본 교재가 반영구 메이크업에 입문하는 여러분에게 실용적인 지침서로써 많은 도움이 되길 기대하며, 반영구 메이크업 직종에 대한 이해와 지지를 통해 미용업계에 종사하는 모든 분들에게 도움이 되길 바랍니다. 책이 나오기까지 도와주신 ISBL (International Semi Beauty Line) 협의회의 모든 구성원들, 경춘사 안중기 사장님과 직원들께 감사드립니다.

2018. 3

한지수

추천의 글

일본, 중국, 미국, 유럽 시장에서 반영구 메이크업 및 타투는 생활화 되어 자기표현 기술로서 아름다움을 추구하고 있습니다.
미국의 경우 현재 반영구 메이크업의 부활로 많은 사람들에게 호응을 받고 있으며, 한국 역시 미용 인식의 전환과 새로운 소비 트렌드의 변화로 화장기법이 편리성 위주로 변화 되고 있습니다.
해외에서는 체계적인 교육과정을 이수해야 합니다. 미국 반영구 메이크업 교육은 질병, 소독, 무균적인 작업 환경과 실무자는 소독과 멸균기술을 반드시 숙지하여야 하는 위생교육을 철저히 하고 있으며 국내에선 각계의 반영구 메이크업 입법 추진 위원회 및 반영구 화장과 타투 회원 단체들의 활동이 활발해 짐에 따라 반영구 메이크업에 대한 관심과 체계적인 교육에 대해 관심이 높아지고 있어 이제는 전문적 학문으로 자리를 잡고 있습니다.
반영구화장 디자인 북은 ISBL협회의 여러 원장님들의 노하우와 스킬(Skill)을 자세히 설명하고 반영구 화장의 올바른 이해와 디자인 방법 등을 담았으며, 다음 교재에서는 디자인방법 뿐 아니라 반영구 화장의 위생과 체계적인 이론을 정리하고 있습니다.
반영구 화장에 대해 체계적인 교육이 필요하신 분들과 새로 배우는 모든 분들에게 도움이 되기를 희망하며 반영구화장에 대해 좀 더 깊은 이해와 지지를 통해 반영구화장이 발전하기를 기대합니다.

한 영 실 I.S.B.L 협의회장

- 건국대학교 미래지식원 겸임교수
- 한성대학교 한디원 미용학과 외래교수
- 미국 달라스 – Salon Boutigue Academy School 교수
- BEAUTY BOX 대표
- I.S.B.L 협의회장
- 국제타투협회(ITA)회장
- 국제속눈썹아티스트연합회 수석부회장
- 아시아미용연맹, 미용대회 심사위원
- 국제뷰티교류협회전문위원
- 한국분장예술인협회선거관리 관리위원
- 주)SJ뷰티컨설팅 대표이사
- 주)아리바이오화장품 전문위원
- 주) I ONE BRORHERS 뷰티사업부 전문위원
- 참조은 피부과 뷰티 담당 원장
- 경향신문사 운영위원

CONTENTS

1 선 연습

1-1. 반영구 화장에 사용 되는 선연습

눈썹에 필요한 선들을 오른쪽 왼쪽 좌우 대칭으로 자연스럽게 그릴 수 있도록 연습한다. 입술처럼 면을 채울 때에는 선이 보이지 않도록 힘 조절을 한다.

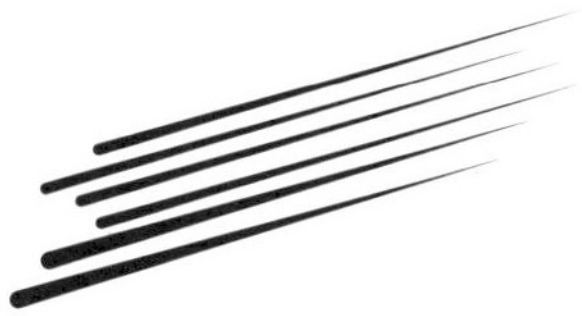

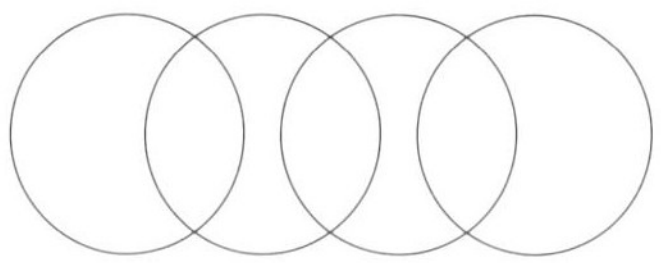

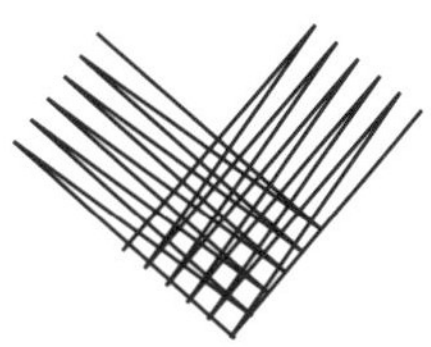	

1-2. 점·선연습

▶ 점 : 반영구 화장에서 점은 가장 기본적인 스킬로 그라데이션을 표현할 수 있다.

▶ 직선

▶ 사선

▶ 곡선

▶ 곡선(오른쪽 방향으로 1cm 간격으로 곡선을 이어서 원을 그려준다.)

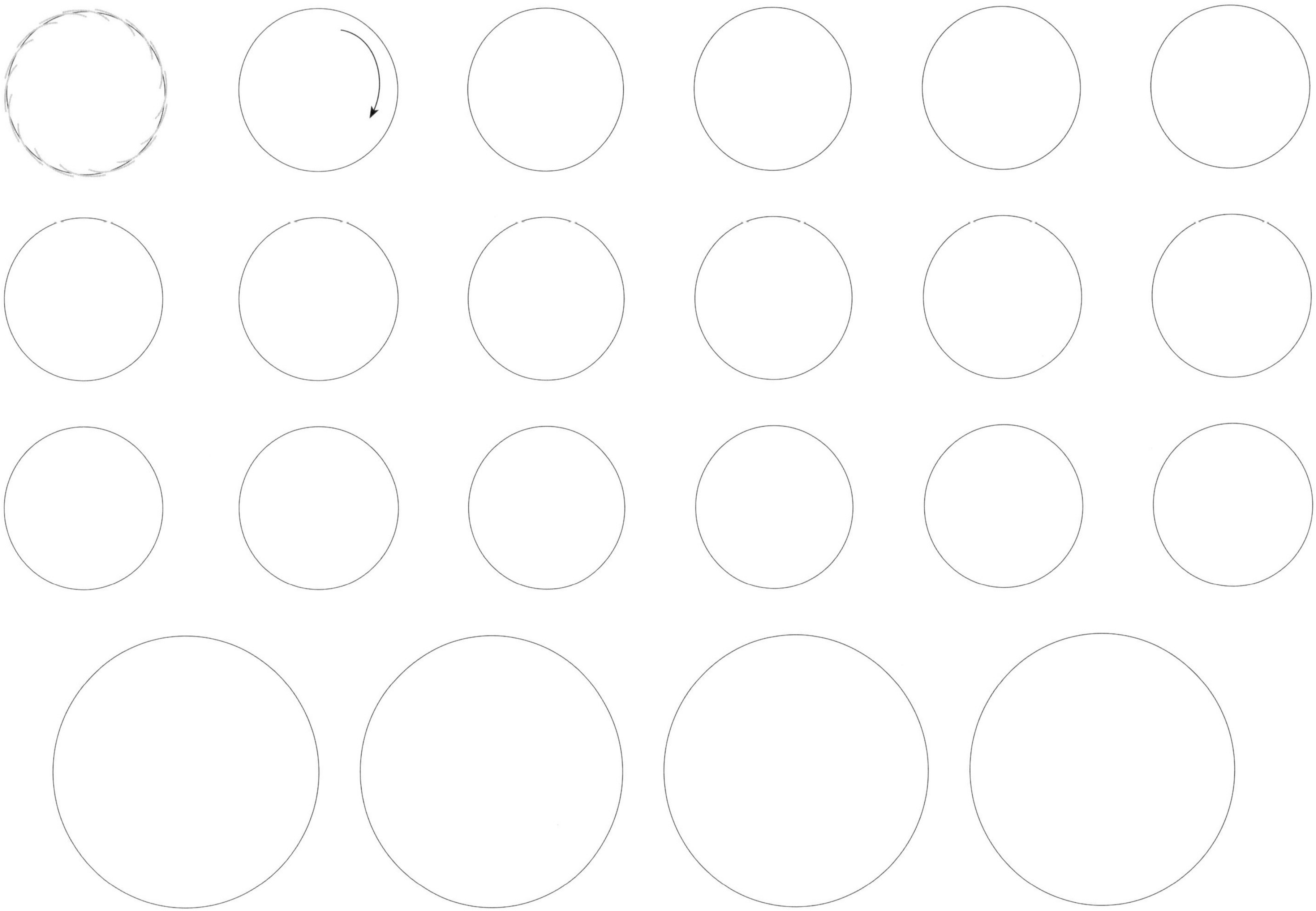

▶ 곡선(왼쪽 방향으로 1cm 간격으로 곡선을 이어서 원을 그려준다.)

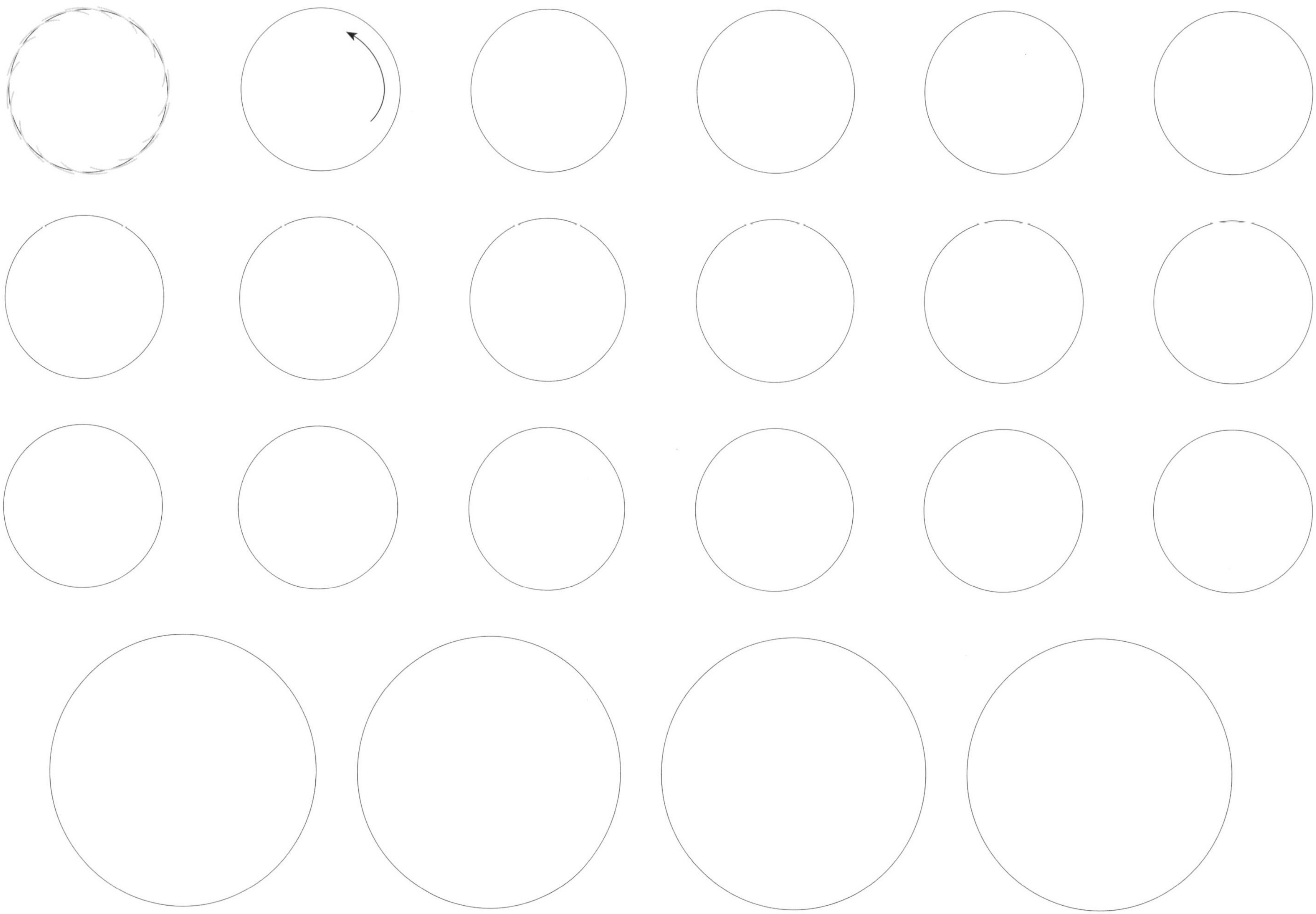

1-3. 엠보 선 연습

▶ 사선

힘의 강도를 조절하여 시작과 끝을 일정한 깊이로 시술하여야 색퍼짐이나 변색이 없다. 엠보펜의 각도는 90도를 유지한다. 종이나 고무판에 선 연습을 할 때엔 오른쪽 왼쪽 양쪽을 모두 연습하고 1mm깊이로 연습한다. 종이나 고무판을 들어 깊이가 일정한지 확인한다.

▶ 곡선

엠보펜의 각도와 텐션에 신경써서 그린다. 손모양은 피부의 90도 각도를 유지하고 위에서 아래로 사선을 그을 때 고객의 턱 방향으로 그려주며 손이 떨리지 않게 새끼 손가락으로 지지하며 그린다. 2~3개의 바늘만 피부에 닿는 느낌으로 손목이 아닌 팔의 힘으로 선을 그어 색소가 일정하게 들어가도록 한다.

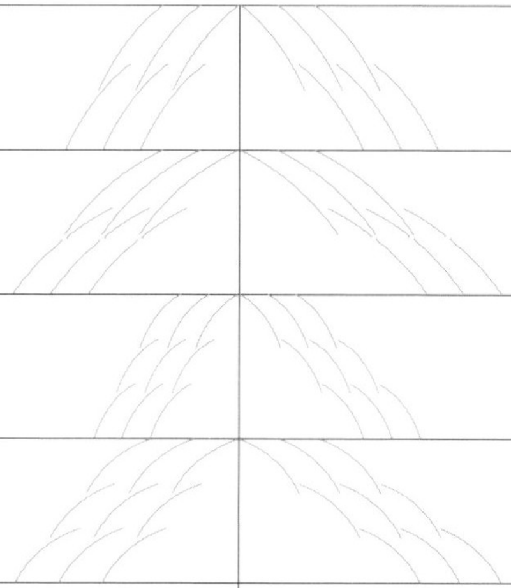

2 눈썹 eyebrow

눈썹 틀 그리기

1. 세로는 1.5cm, 가로는 여자 5cm, 남자 5.4~6cm를 기준으로 네모틀을 만들어 준다.
2. 세로 1.5cm 중 1/2지점에 가로선을 점선으로 그려 준다.
3. 가로길이의 2/3 지점에 눈썹 산, 세로선 1/2 지점에 눈썹 앞머리가 내려오도록 하고 눈썹 꼬리의 위치는 이 선에 위치를 잡도록 한다.

▶ 기본형 : 세로는 1.5cm, 가로는 5cm로 눈썹산이 자연스럽게 디자인 한다.

▶ 아치형 : 눈썹산의 위치가 기본형보가 높게 그리고 전체적인 모양은 기본형과 비슷하도록 그려 주며 각지지 않게 부드러운 형태로 그린다.

▶ 일자형 : 세로는 1cm, 가로는 5cm로 일자모양으로 디자인 한다.

▶ 상승형 : 눈썹 꼬리 지점이 눈썹 앞머리 기적점보다 위로 향하게 그려 준다.

▶ 각진형 : 아치형에서 눈썹산의 모양을 각지게 사선으로 꼬리까지 내려주고 산의 위치는 3/4지점으로 누썹 꼬리는 1.2 위치보다 2~3mm 위에 그린다.

▶ 둥근형 : 둥근형은 윗부분을 각이 없이 둥글려 눈썹간의 위치도 1/2 지점으로 한다.

▶ 남자눈썹 : 눈썹산의 폭이 다른 폭에 비해 좀 더 두껍게 세로는 1.2cm를 기준으로 가로는 5.5~6cm로 여성보다 크고 끝부분은 뭉뚝하거나 열린 이미지로 디자인한다.
눈썹의 두께가 두툼해야 남성스럽다.

눈썹의 길이

▶ 여자 눈썹 : 5~5.5센치로 가로 길이 표시

▶ 남자 눈썹 : 5.4~6센치로 가로 길이 표시

2-1. 눈썹 디자인

▶ 여자 기본형 : 눈썹산은 2/3 위치 또는 얼굴형에 따라 1~2mm정도 뒤로

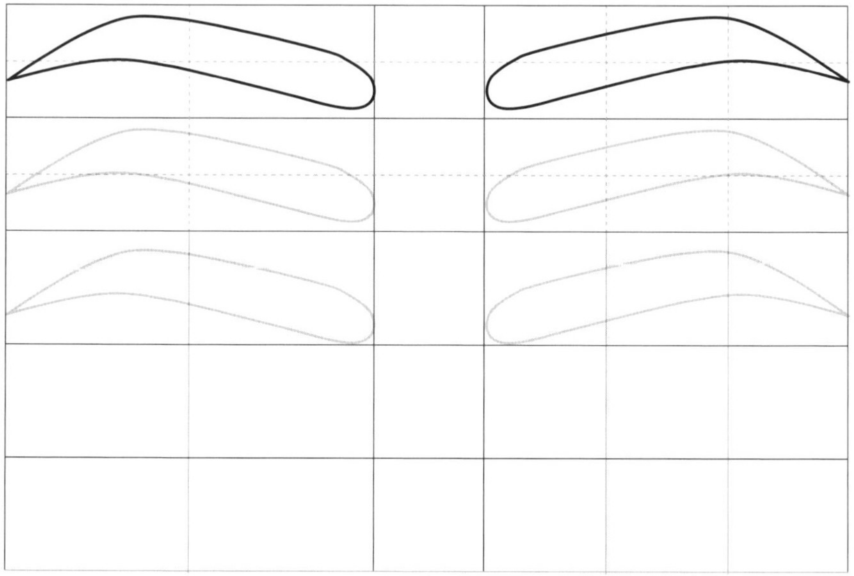

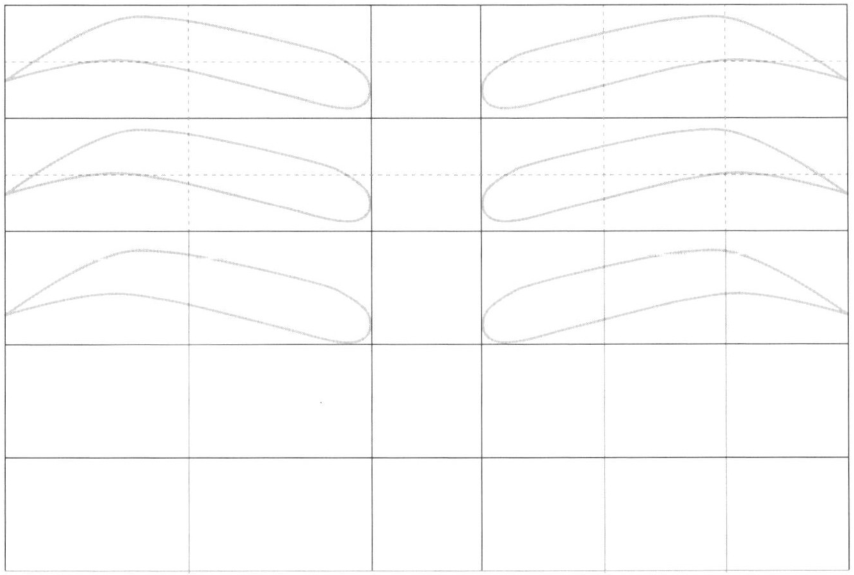

▶ 여자 아치형 : 눈썹산은 1/2~2/3 위치

▶ 여자 둥근형 : 눈썹산은 1/2정도

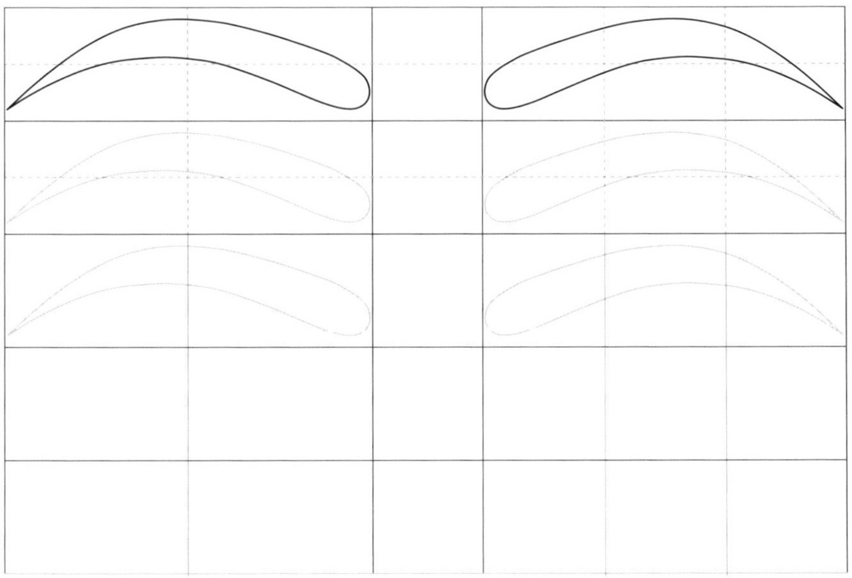

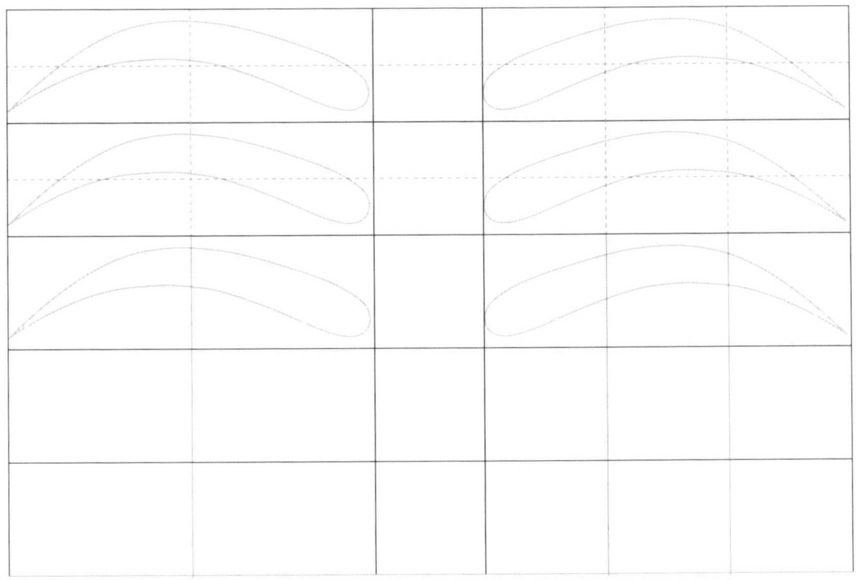

▶ 여자 일자형 : 눈썹산은 3/4 위치

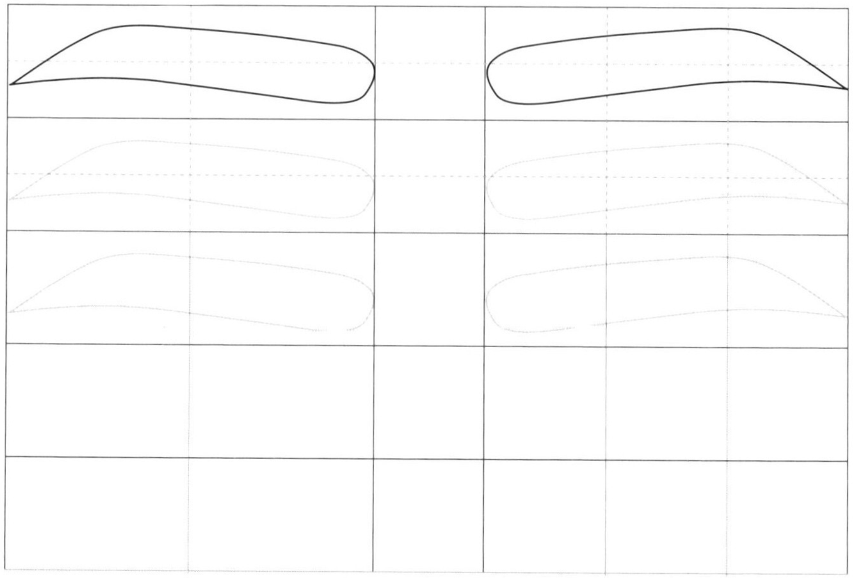

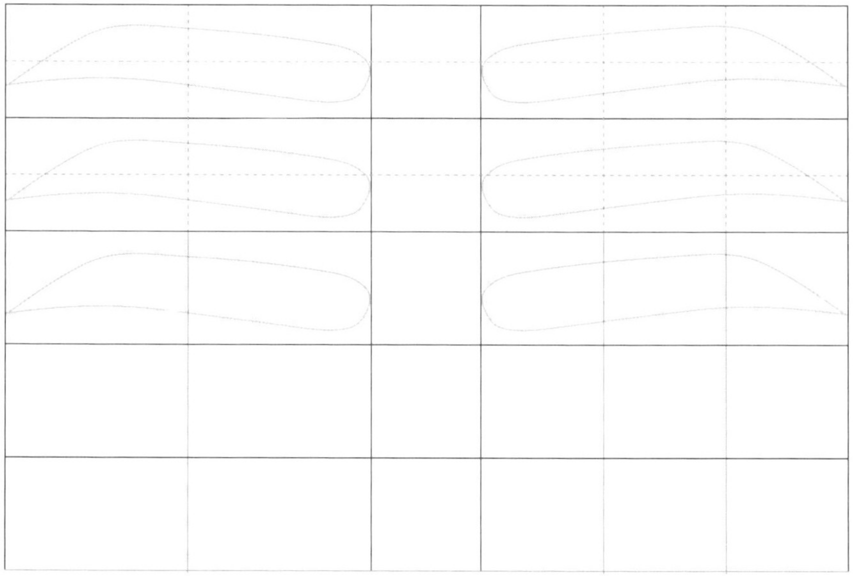

▶ 여자 각진형 : 눈썹산은 2/3 위치, 눈썹산이 높게 위치

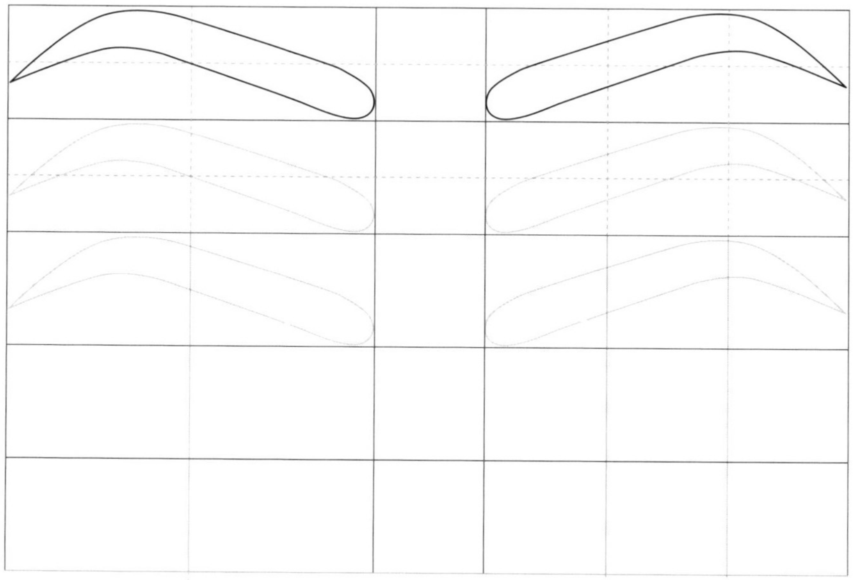

▶ 여자 상승형 : 눈썹산 없음, 눈썹이 살짝 짧게

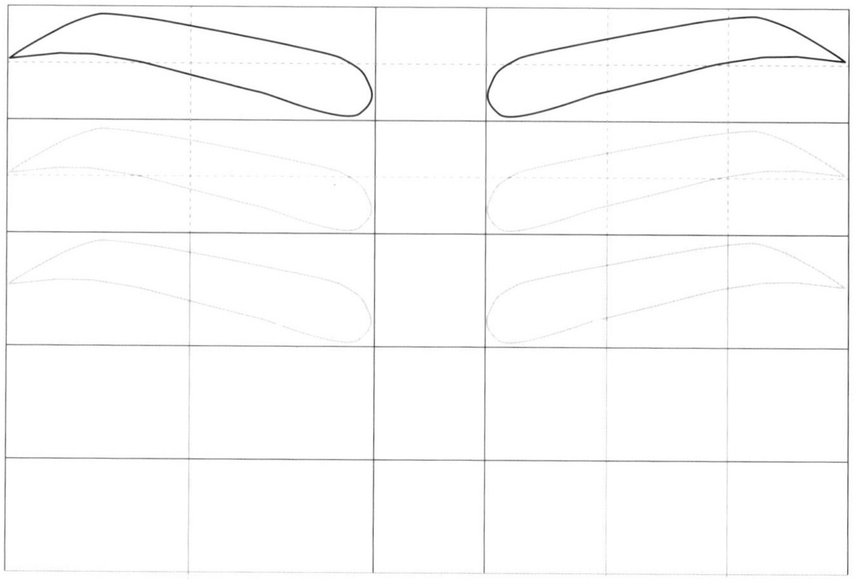

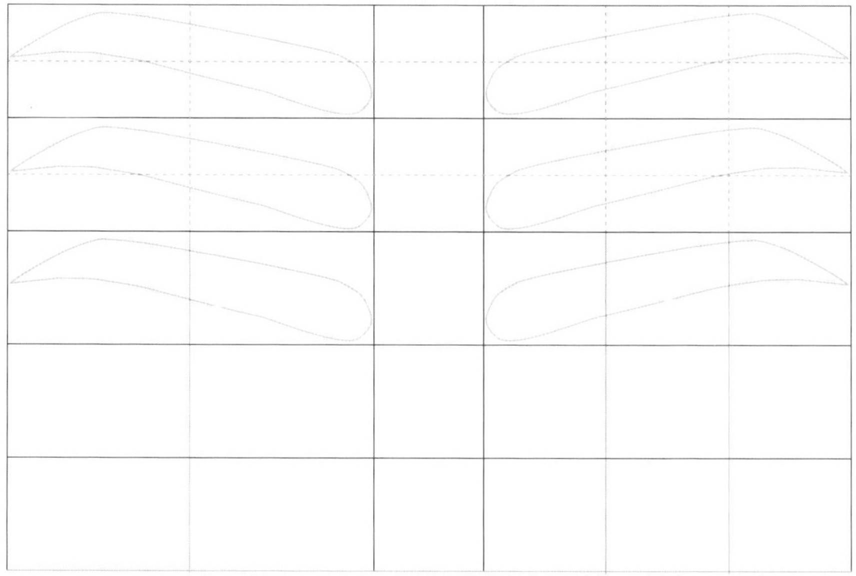

▶ 남자 기본형 : 여성보다 굵고 눈썹꼬리는 열린형

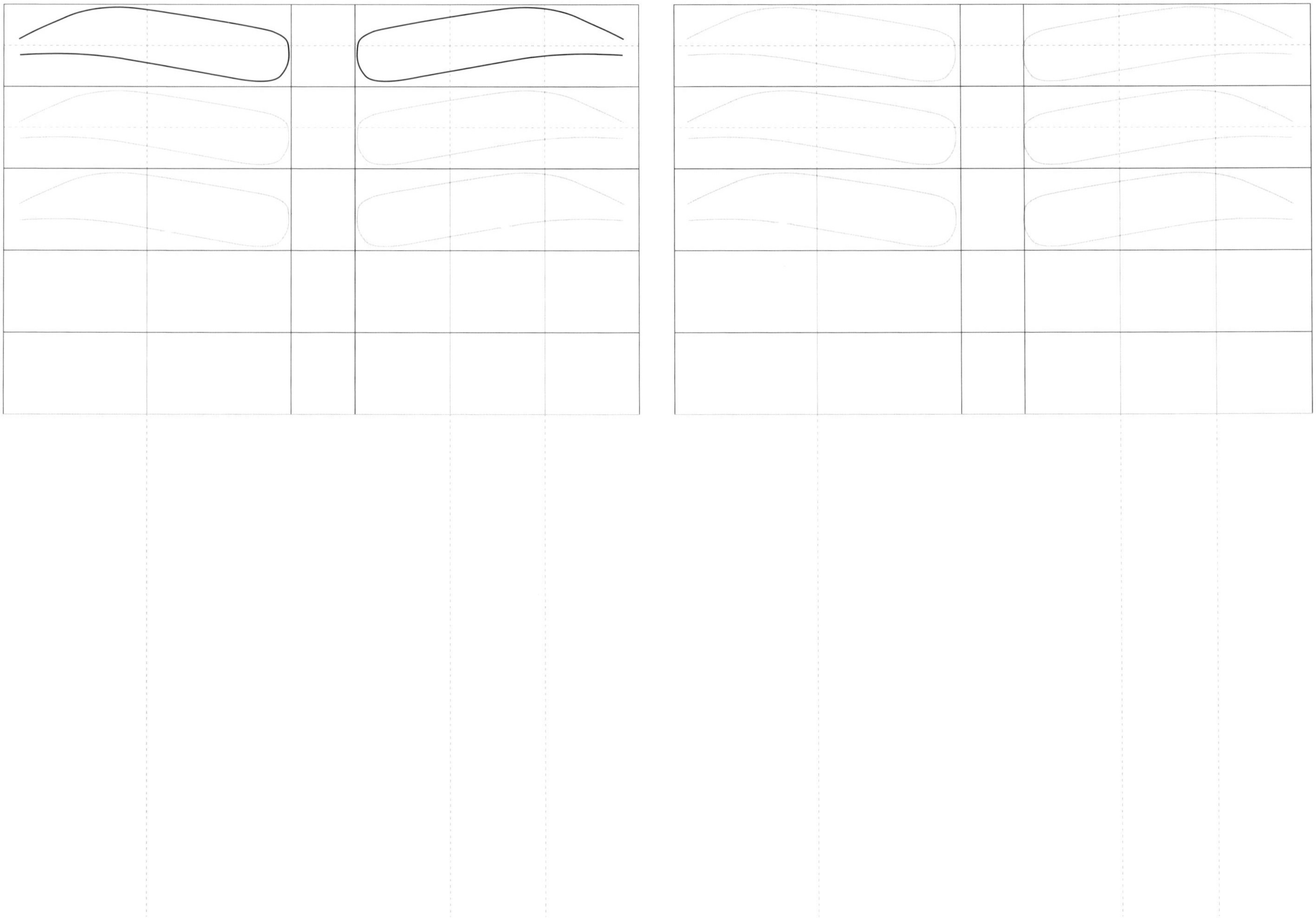

▶ 남자 삼각형 : 눈썹산 부분이 굵고 강하게

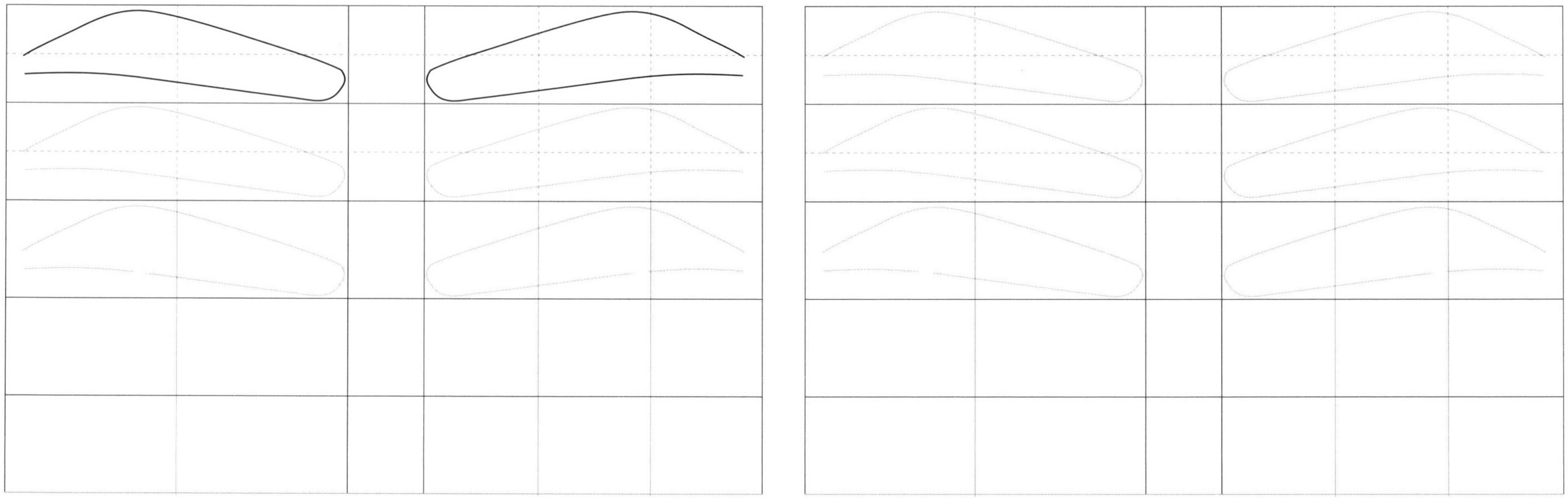

▶ 남자 일자형 : 여성보다 굵고 눈썹꼬리는 열린형

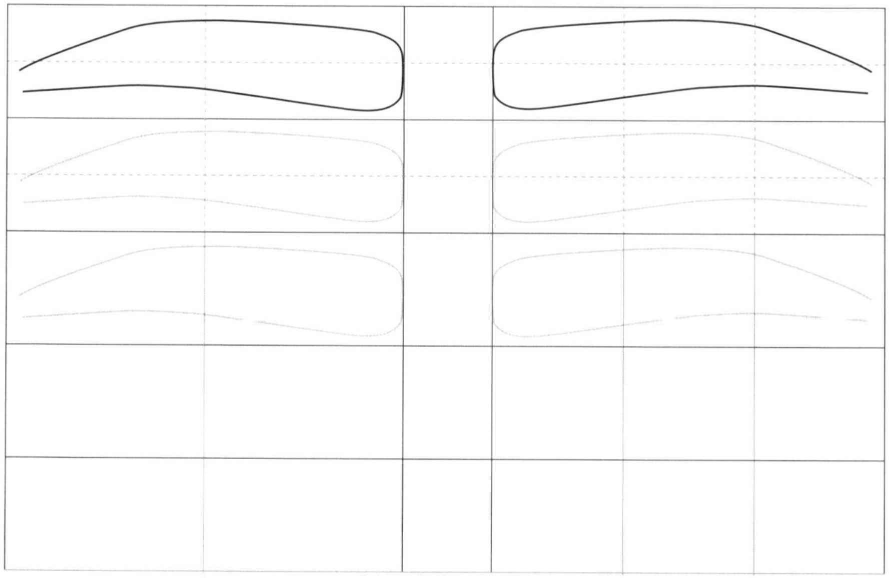

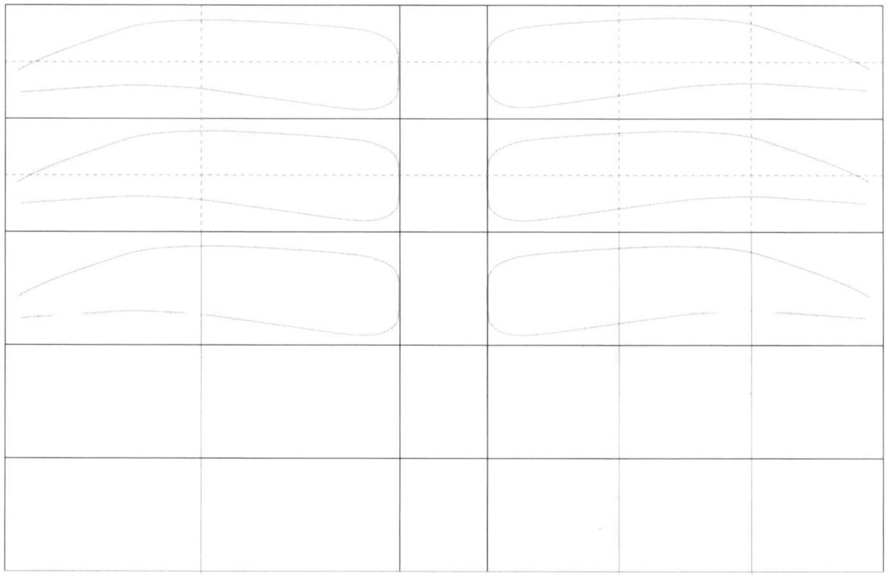

2-2. 엠보눈썹 기법

엠보 결 연습

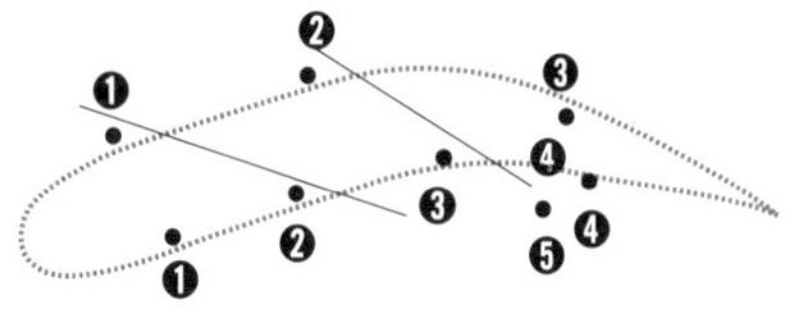

눈썹의 윗부분은 4등분, 아랫부분은 5등분 한 후 앞의 1/4 부분에 앞머리를 눈썹의 방향에 맞추어 세로선으로 시술한다.

윗부분은 1/4등분, 아랫부분은 2/5등분 지점 안쪽으로 곡선으로 눈썹 결을 넣어준다.

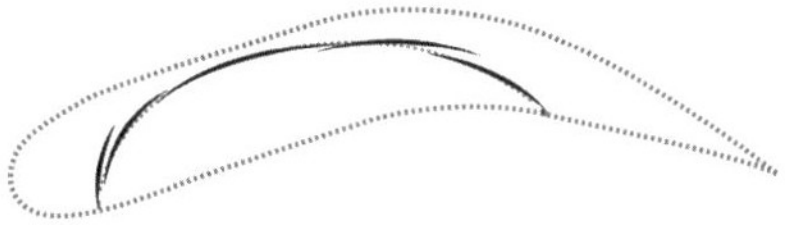

윗부분은 2/4등분, 아랫부분은 3/5 지점 위치에서는 고리의 각도를 고려하여 반선 내려와 눈썹결대로 그려준다.

1차: 디자인 앞머리는 5~7개의 곡선으로 그려 준다.

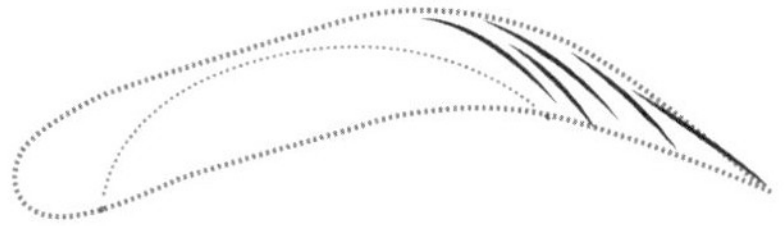

뒷 부분 결은 4~5개의 선으로 45도 각도로 반선만 그린다.

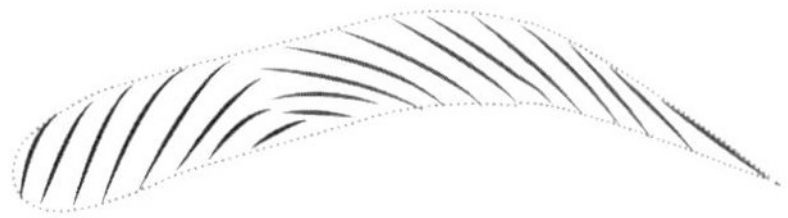

1차선들 사이에 곡선으로 채워주고 뒷부분은 30도 각도로 반선을 내려 그린다.

눈썹의 선을 천천히 윤곽선을 잡아가면서 사이사이 곡선기법으로 채워 그린다. 시술선은 일정한 간격을 두고 그리고빈 곳을 채워 자연스럽게 곡선형태로 연결한다.

▶ 여자 기본형

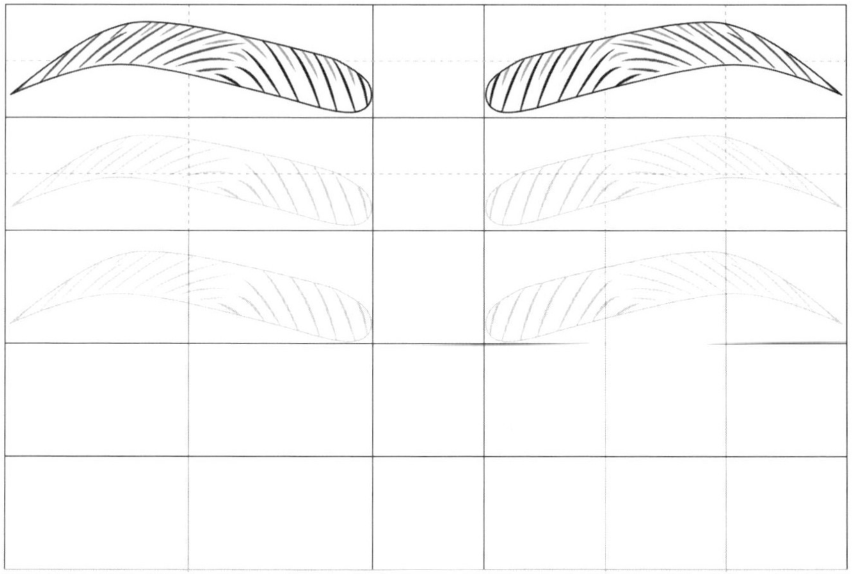

▶ 여자 아치형

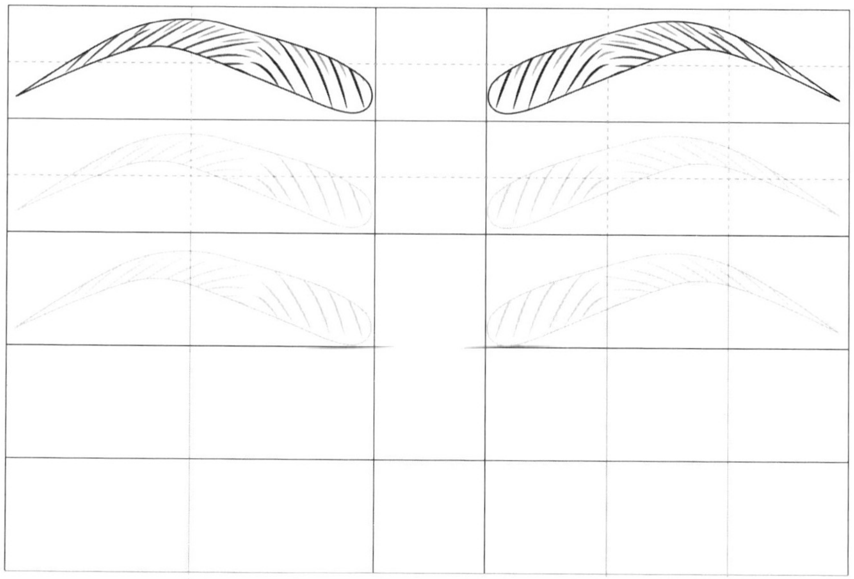

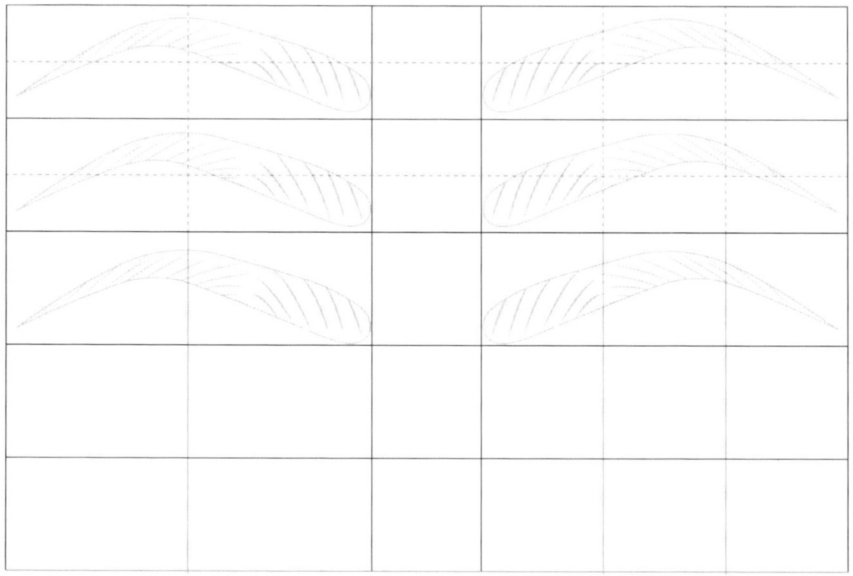

▶ 여자 둥근형

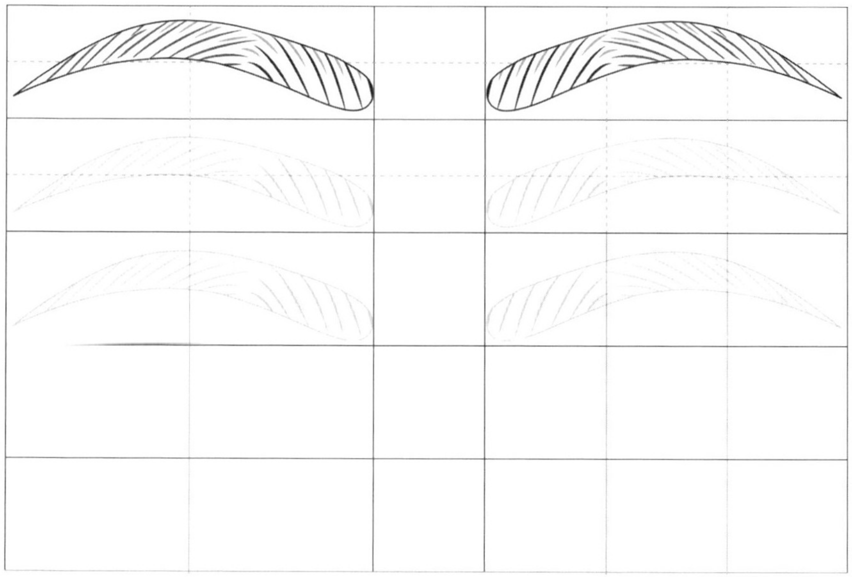

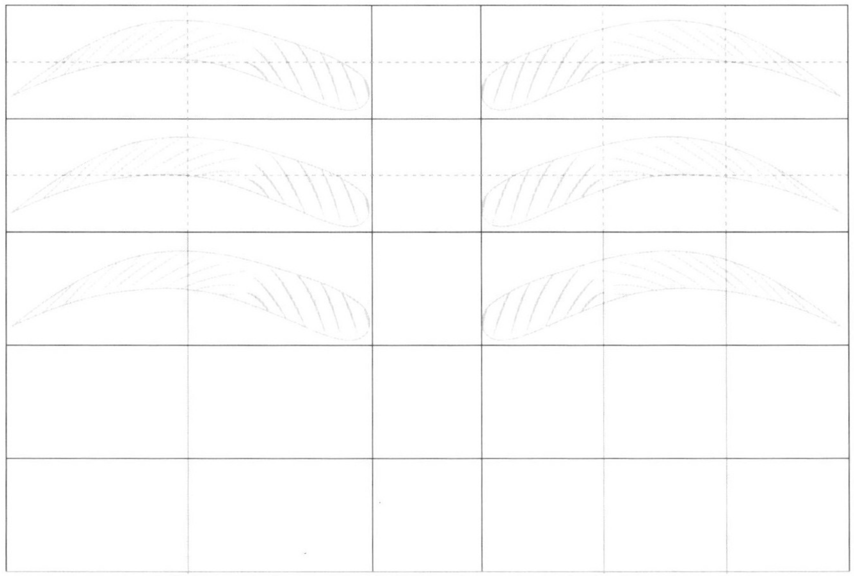

▶ 여자 일자형

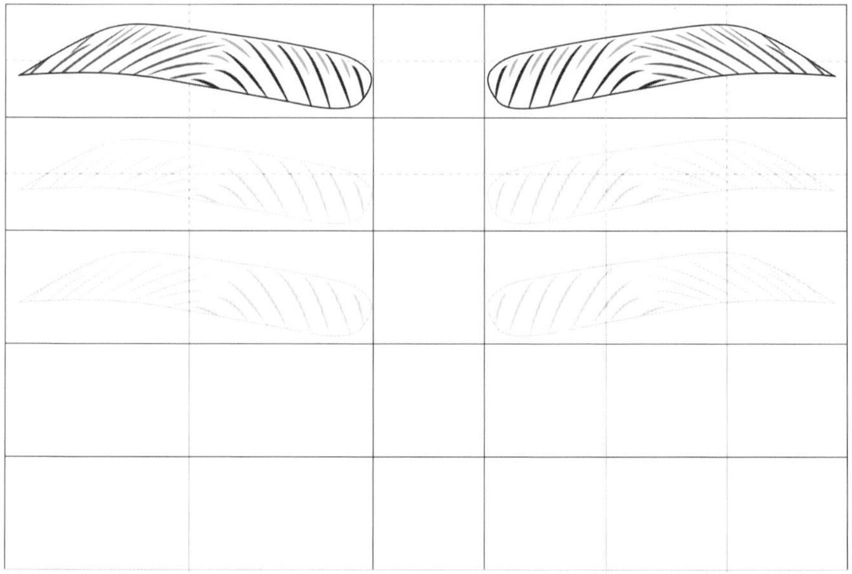

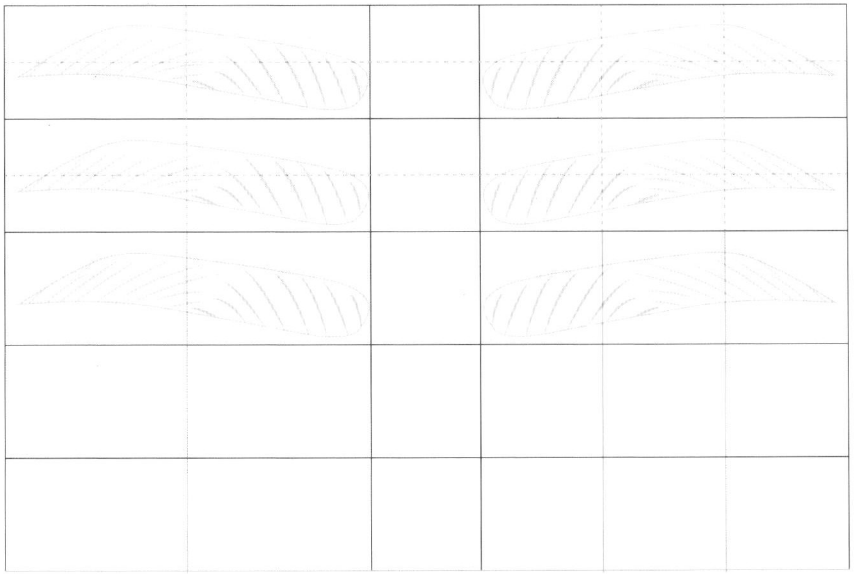

▶ 여자 각진형

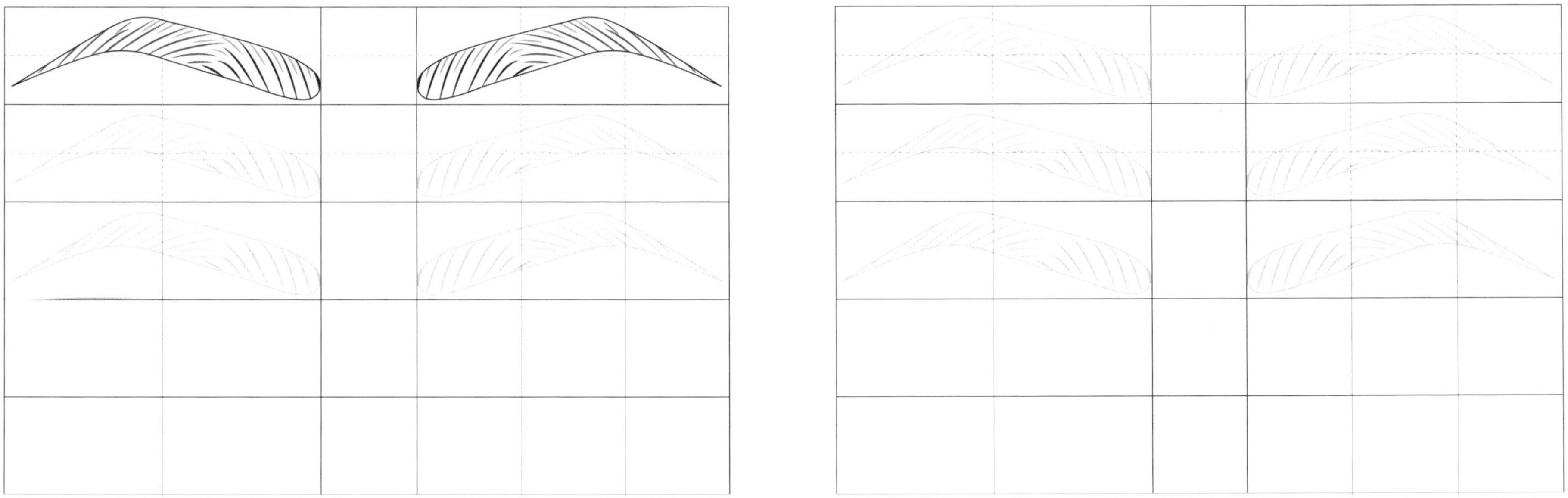

▶ 여자 상승형

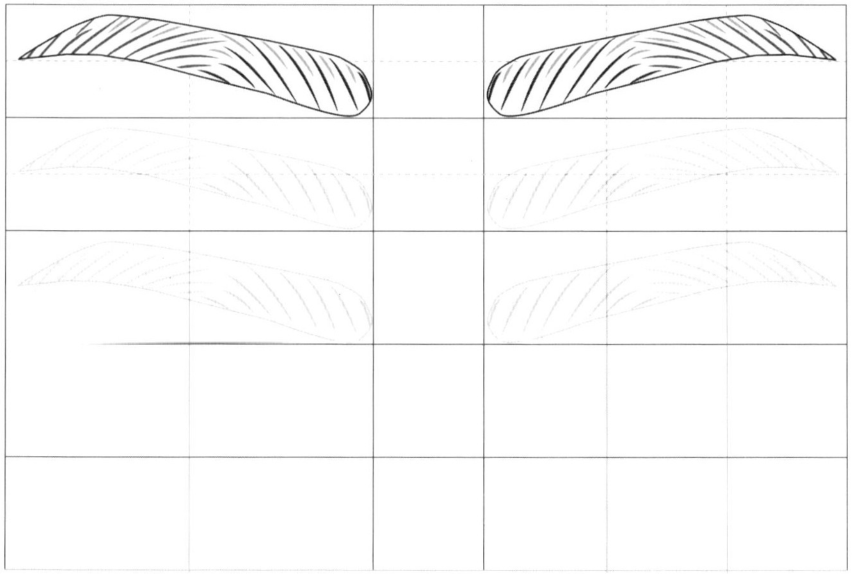

▶ 남자 일자형

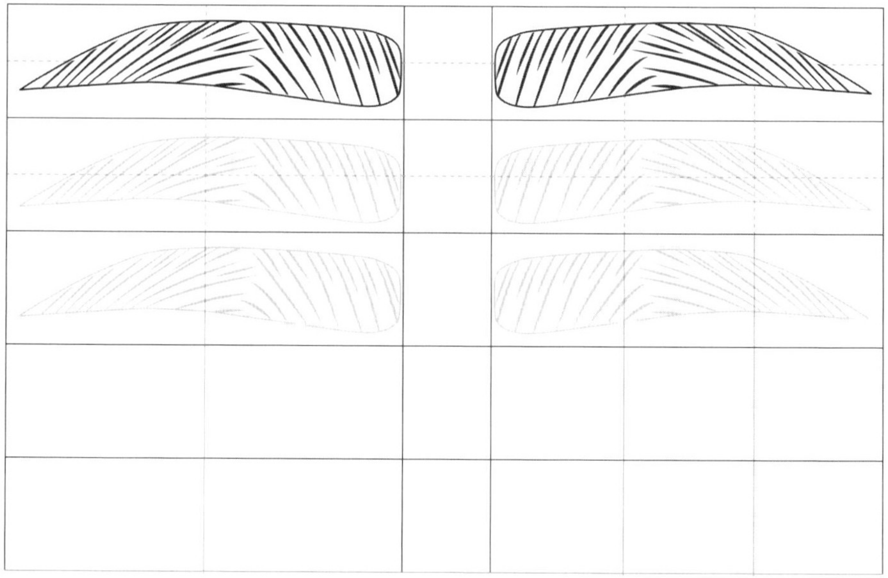

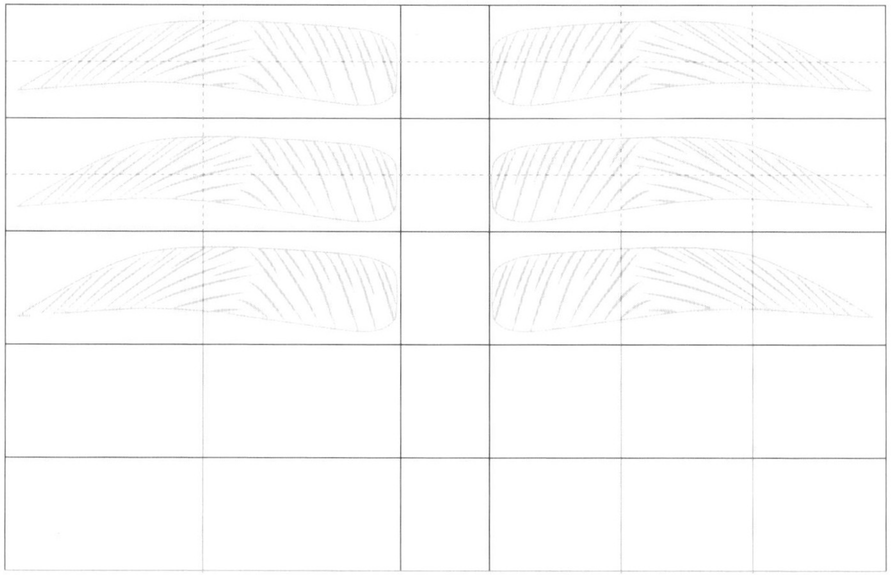

▶ 남자 기본형

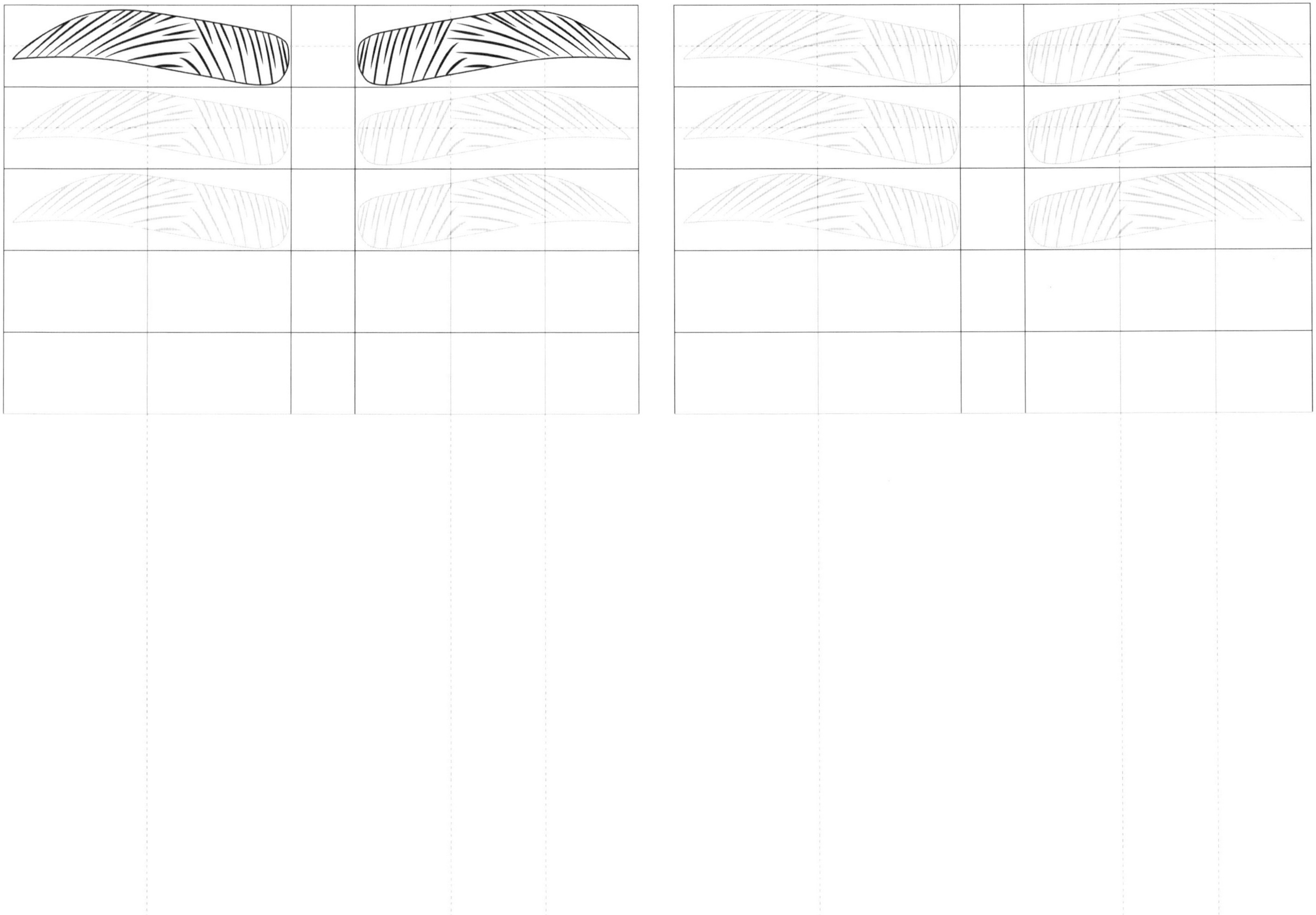

▶ 남자 삼각형

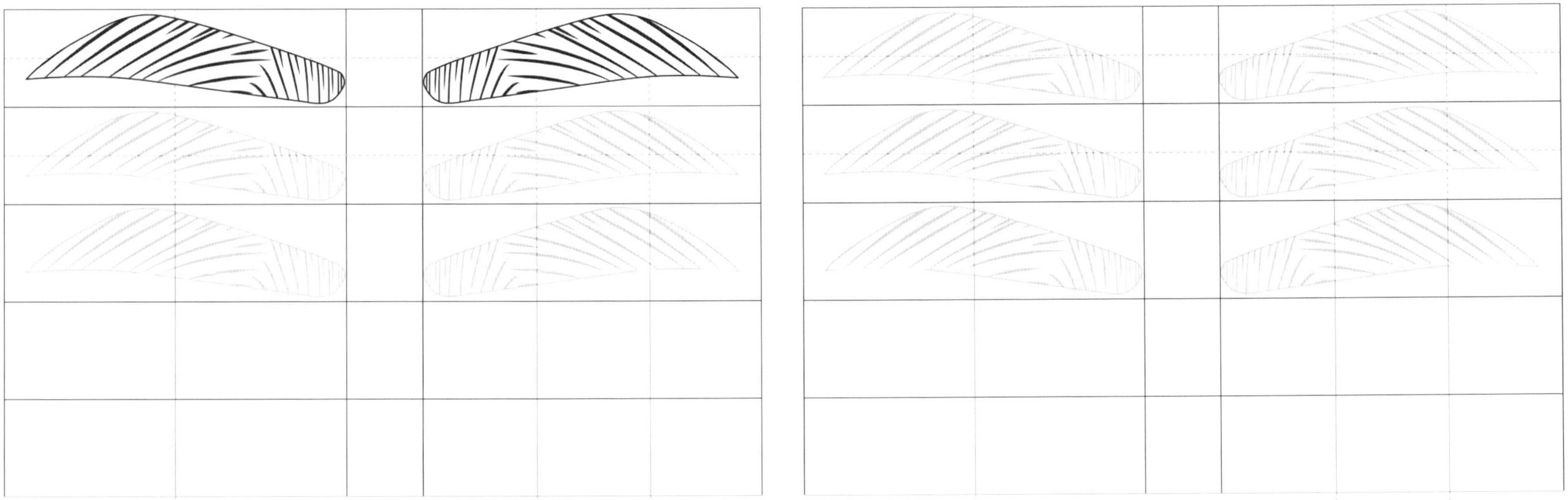

2-3. 비율에 맞는 눈썹 디자인

곡선자와 스티커 자 등을 이용하여 디자인을 하고 위치를 정확하게 잡는다. 앞머리는 콧망울에서 수직으로 올린선에 위치를 잡고 눈썹산은 검은 눈동자 바깥선을 수직으로 올린 후 0.5cm 더 뒤로 이동하면 자연스런 눈썹을 디자인 할 수 있다.

눈썹 꼬리는 콧망울과 눈꼬리를 잇는 선에서 안쪽으로 0.5cm 들어오면 맨 얼굴에서도 자연스런 이미지를 줄 수 있다.

▶ 여자 기본형

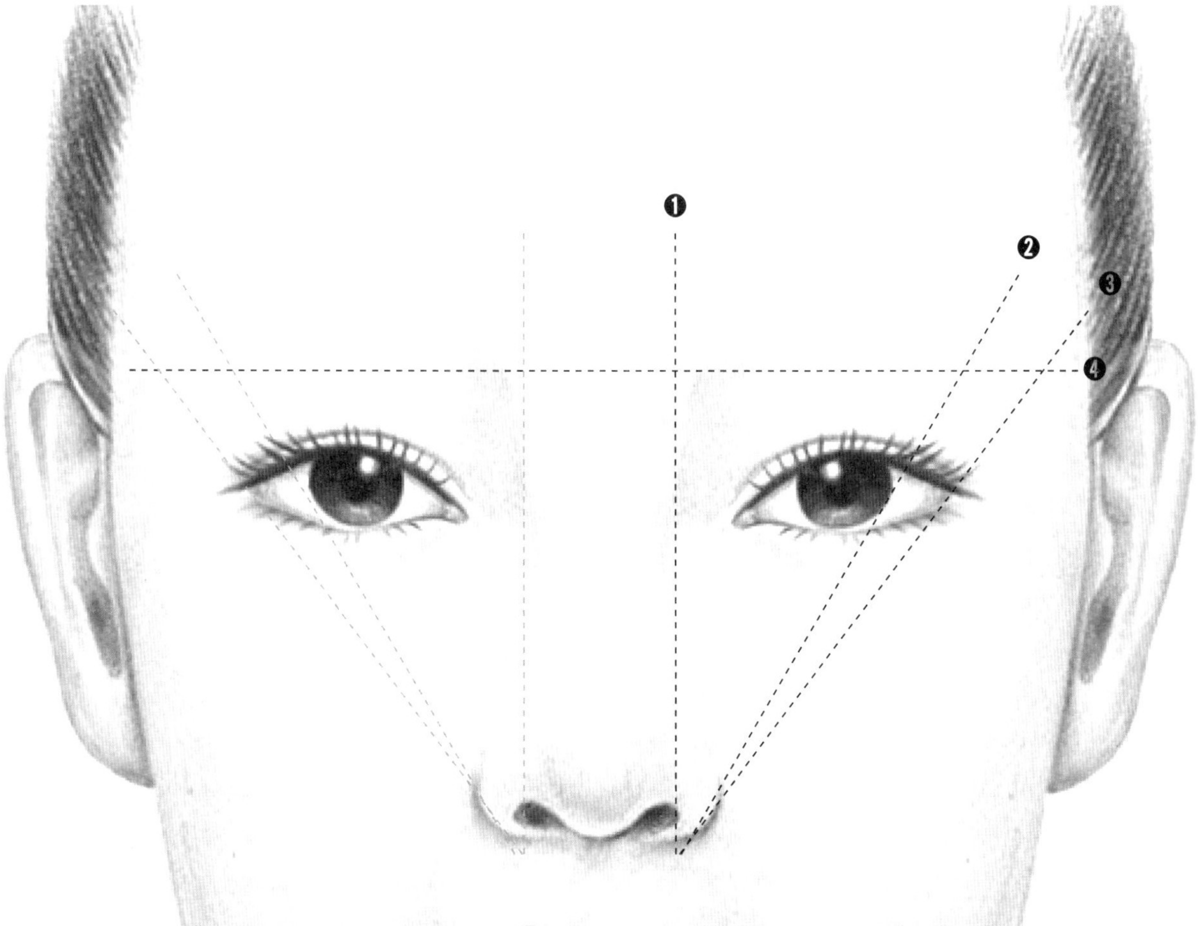

▶ 여자 아치형

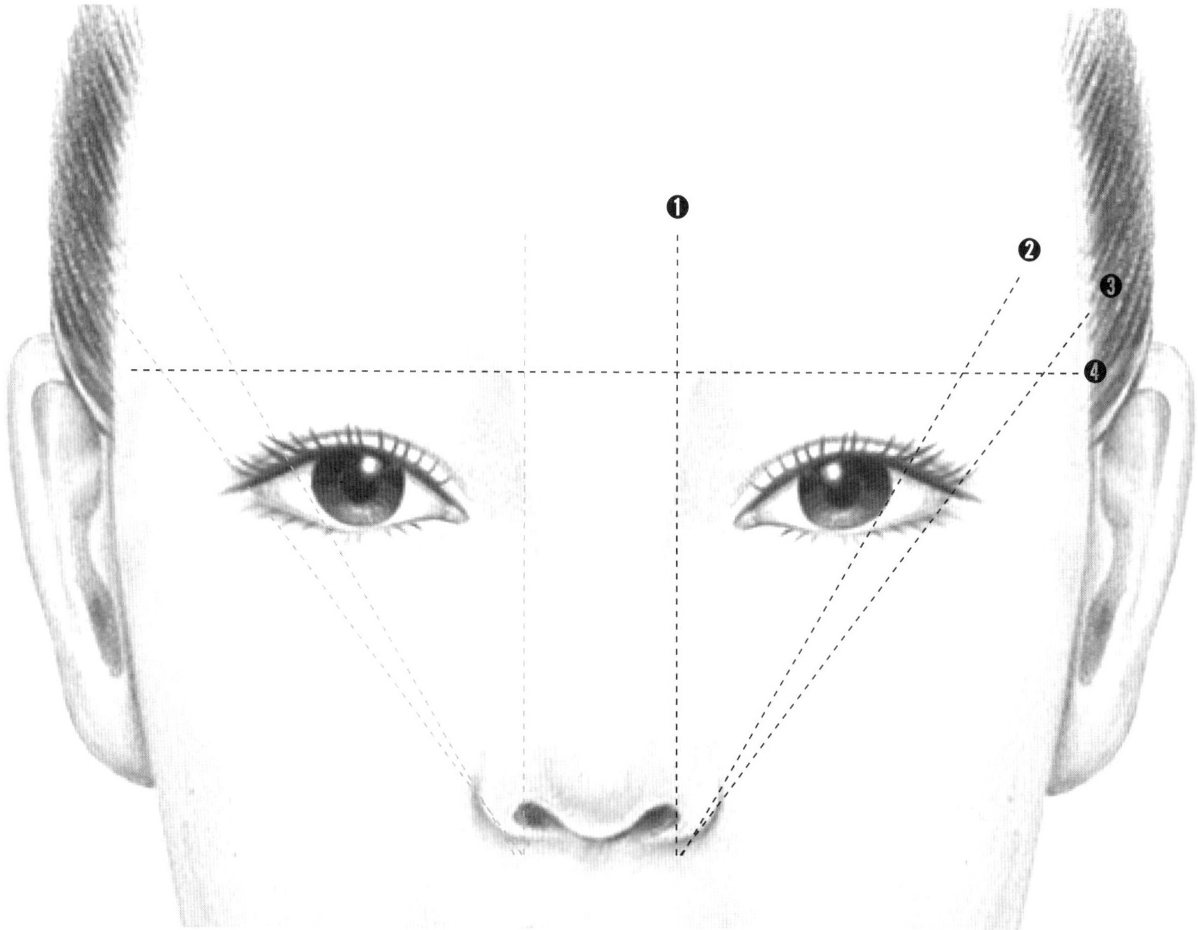

▶ 여자 둥근형

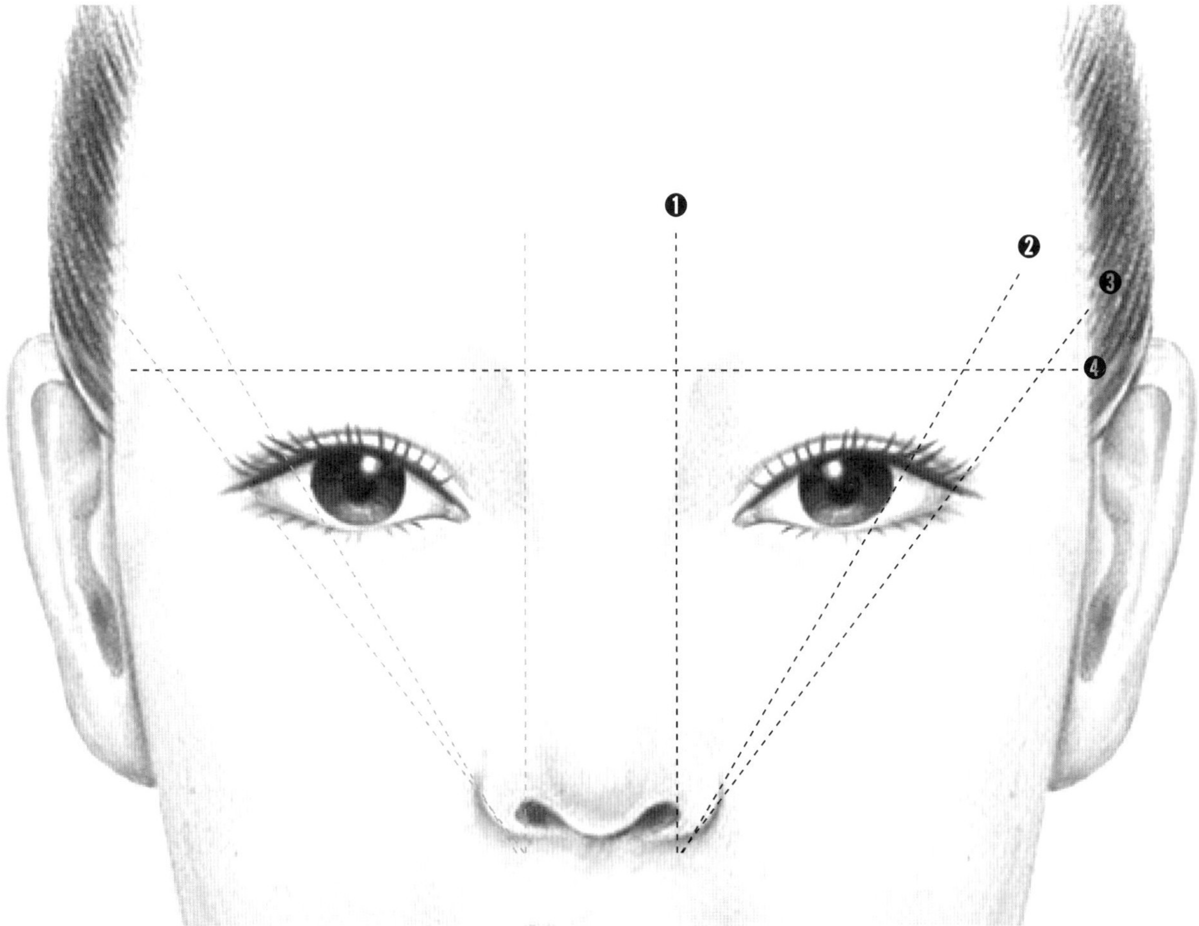

▶ 여자 일자형

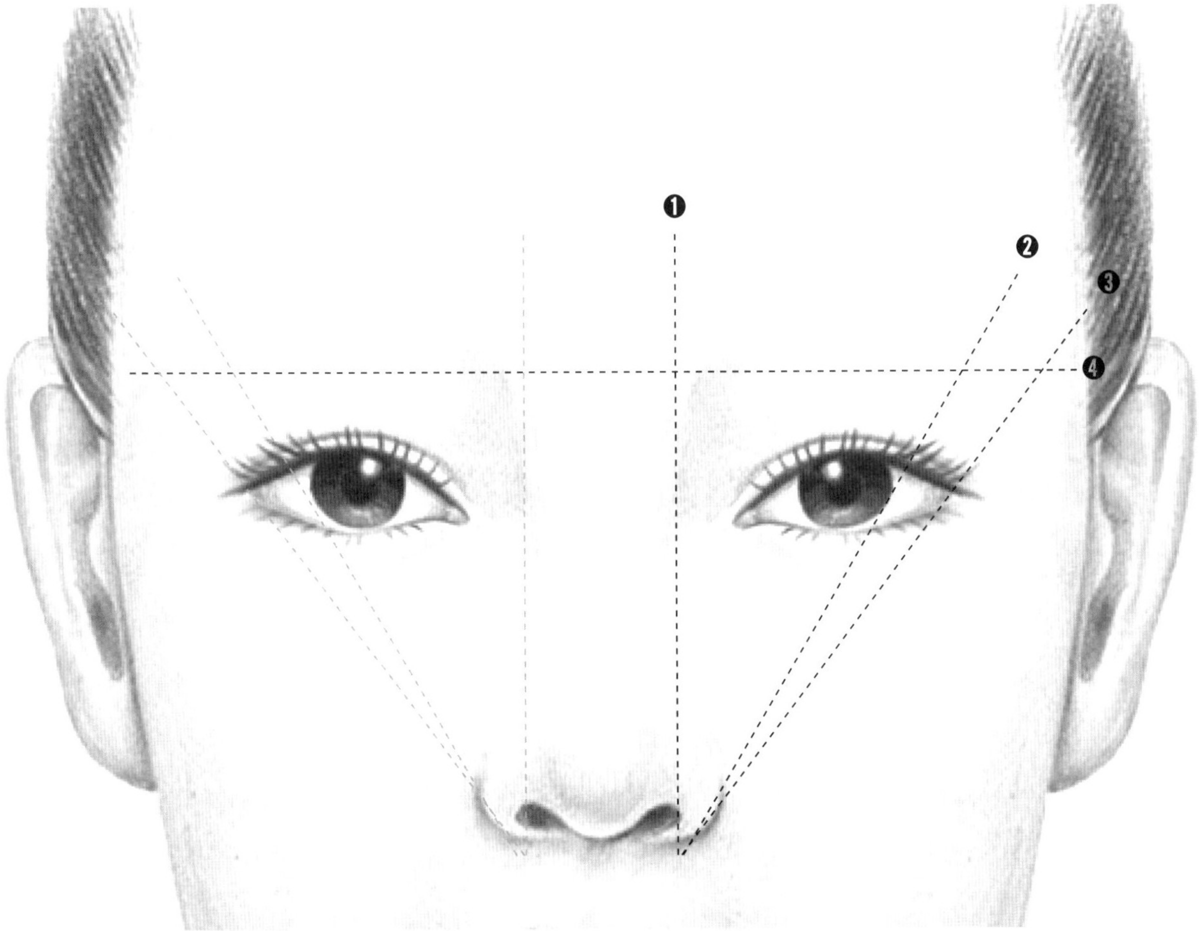

▶ 여자 각진형

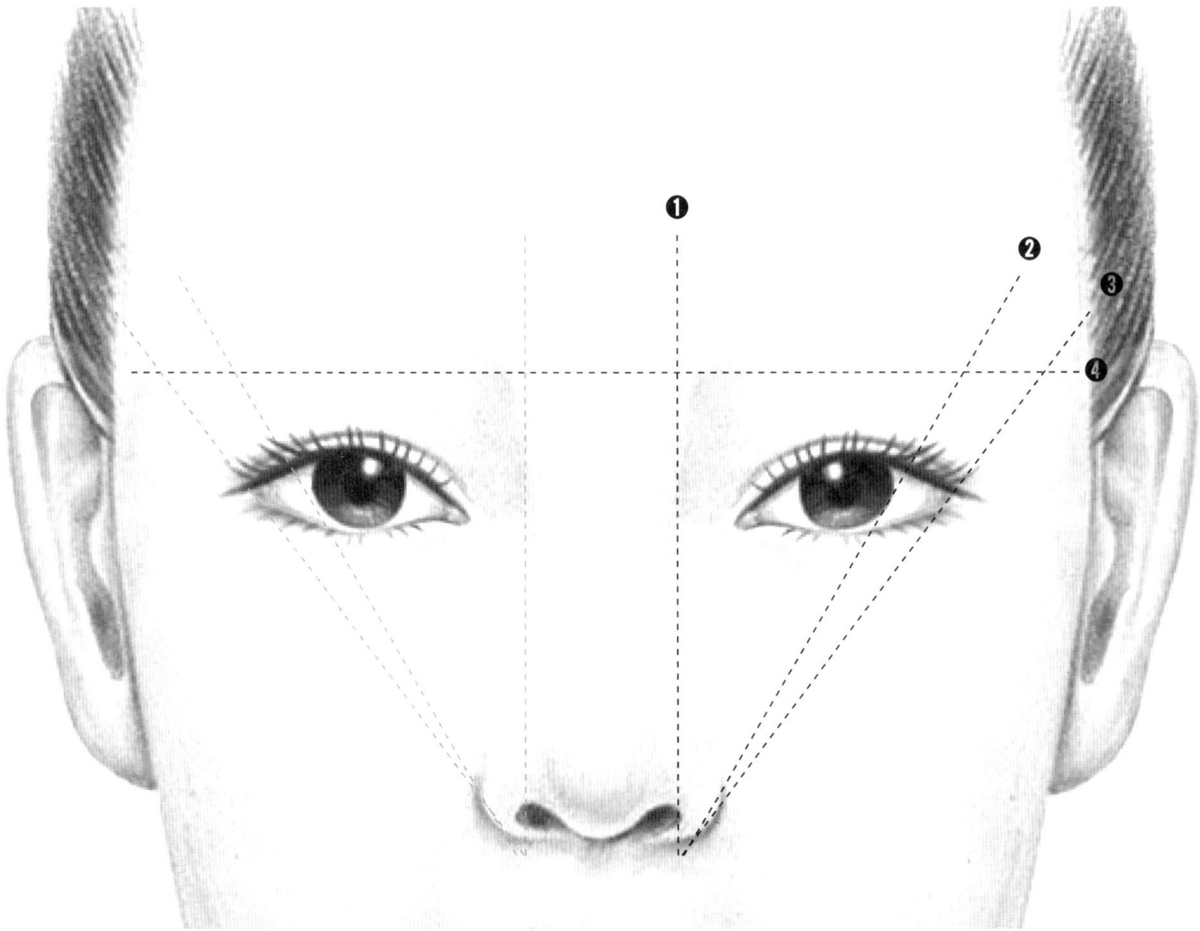

▶ 여자 상승형

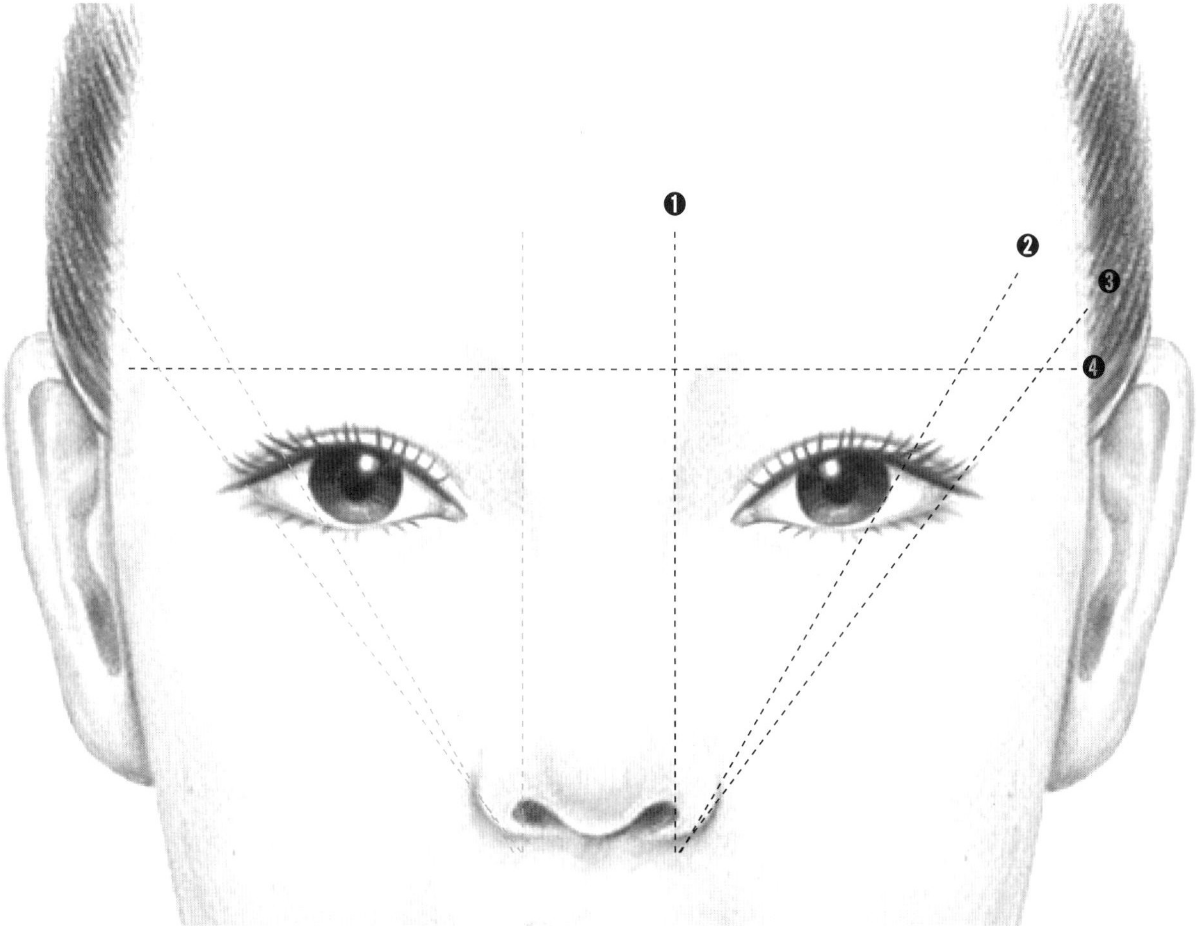

▶ 남자 기본형

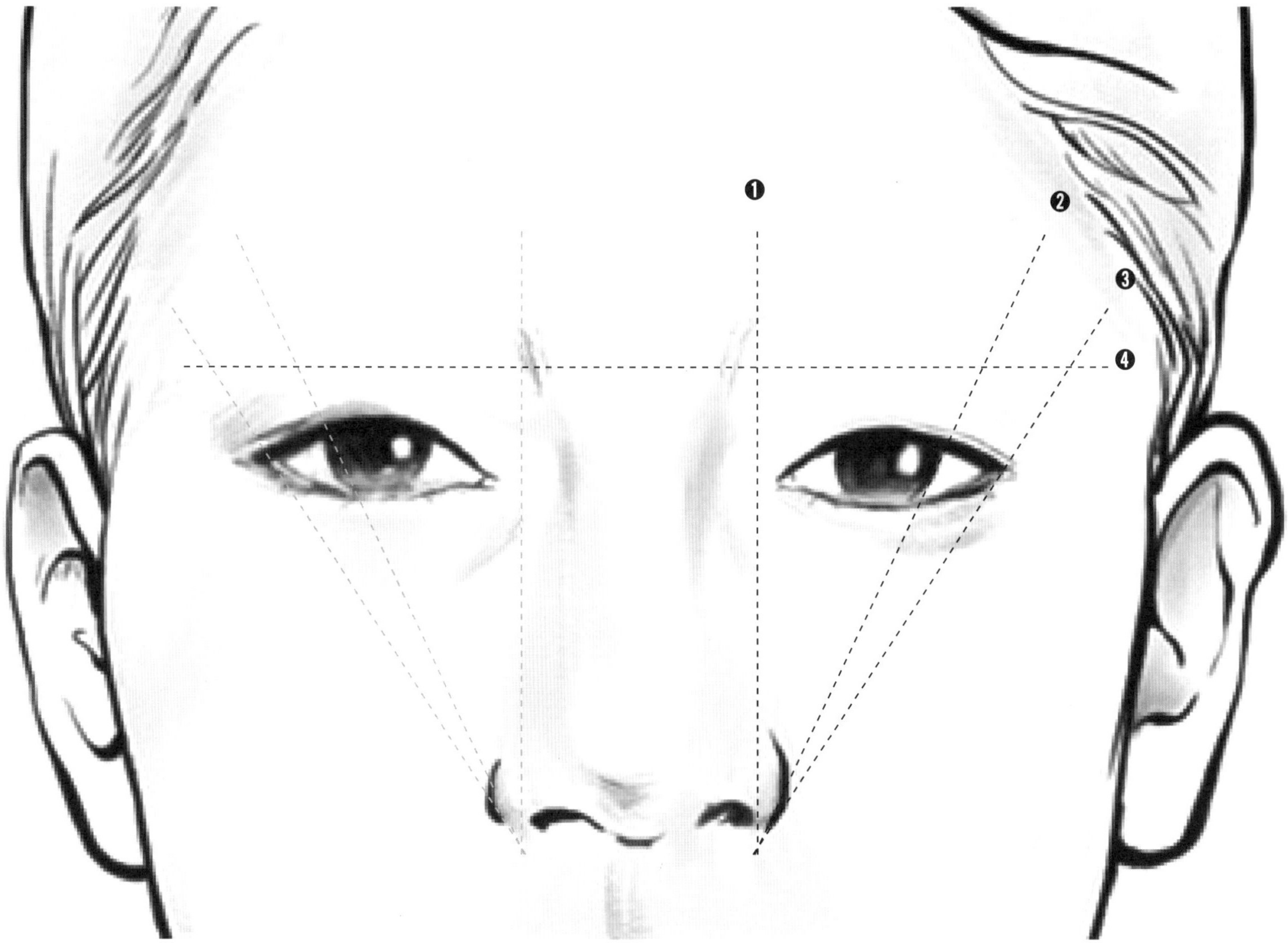

▶ 남자 삼각형

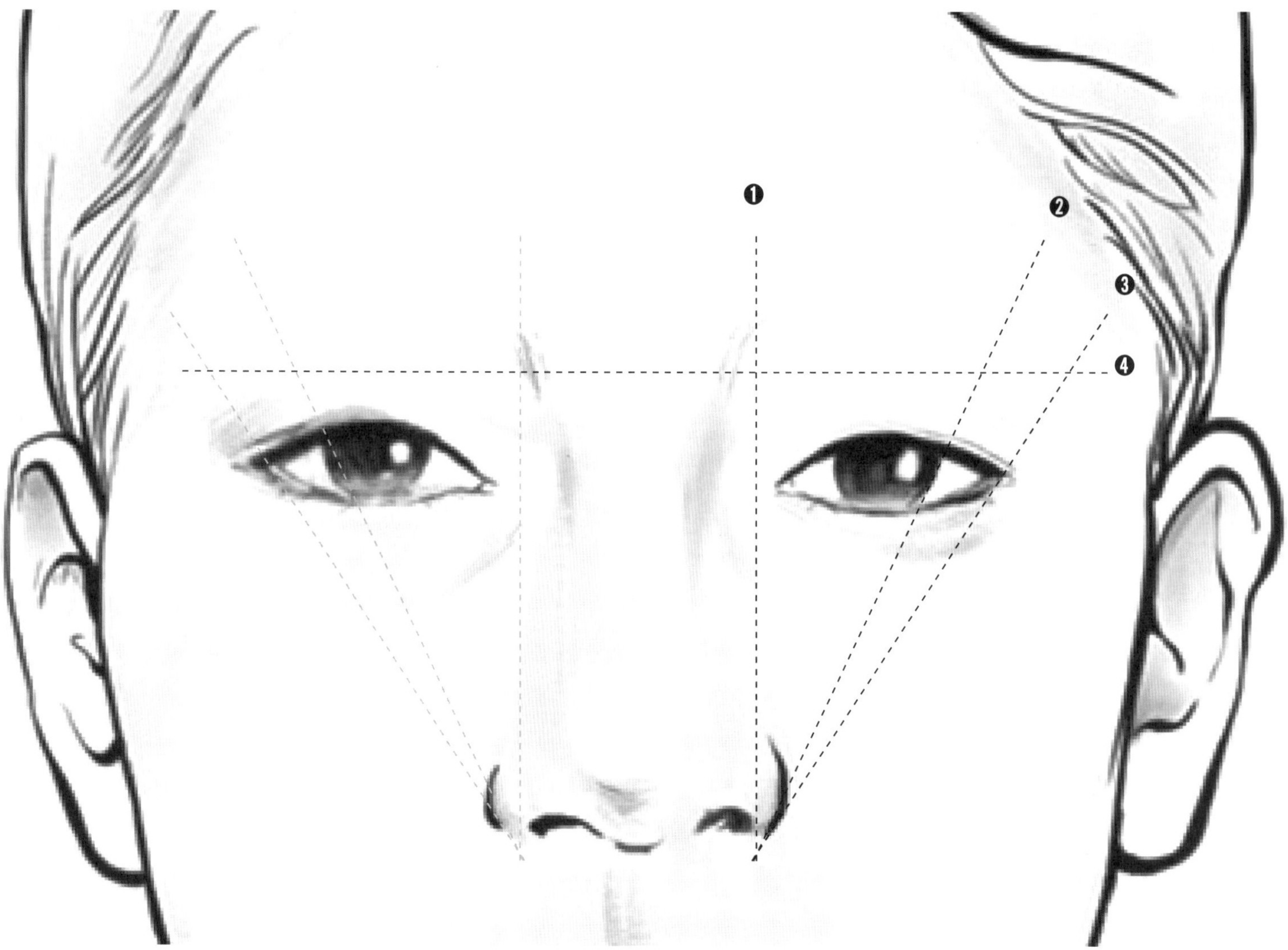

▶ 남자 일자형

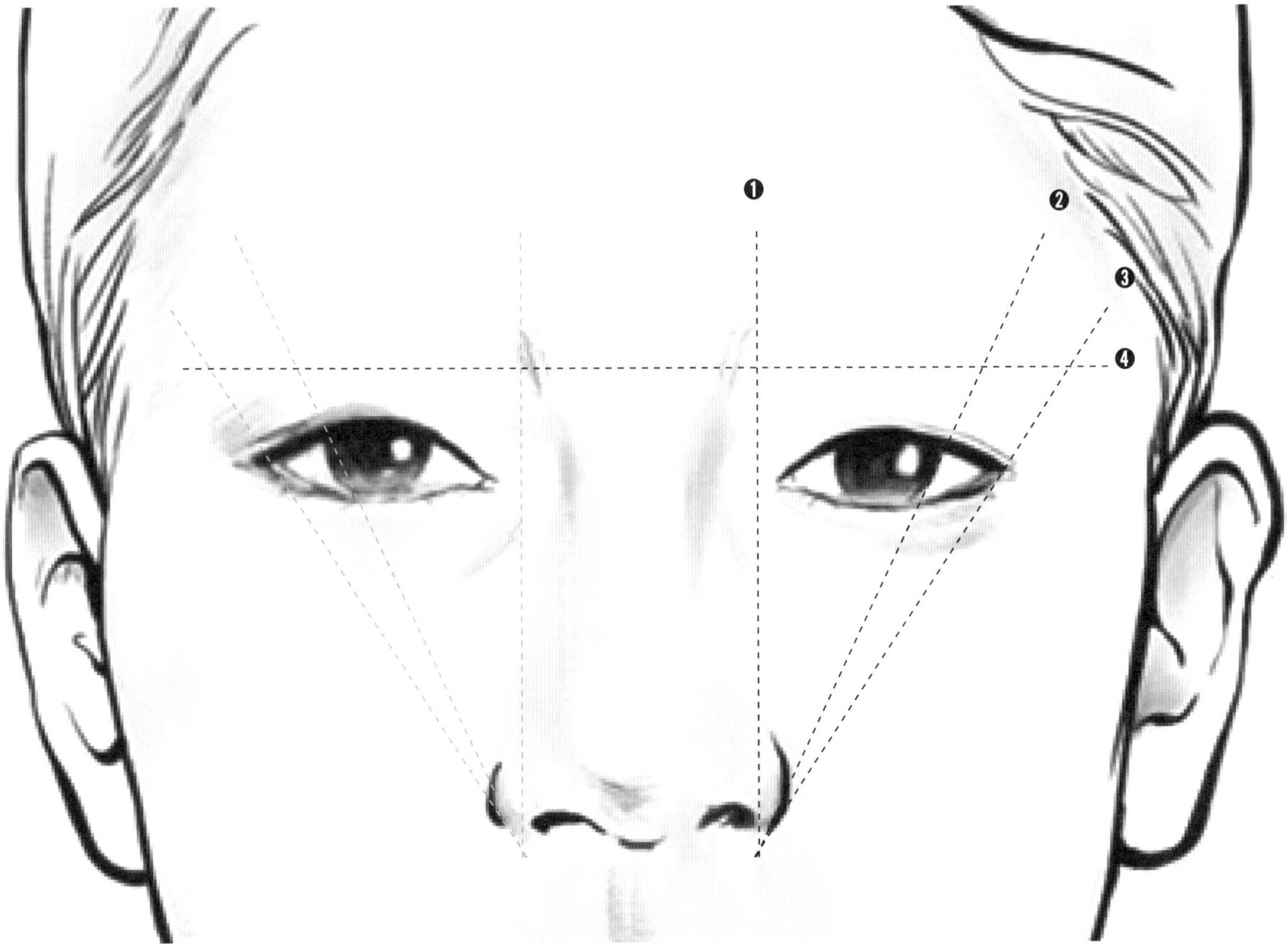

2-4. 다양한 눈모양과 눈썹 디자인

▶ 여자 눈

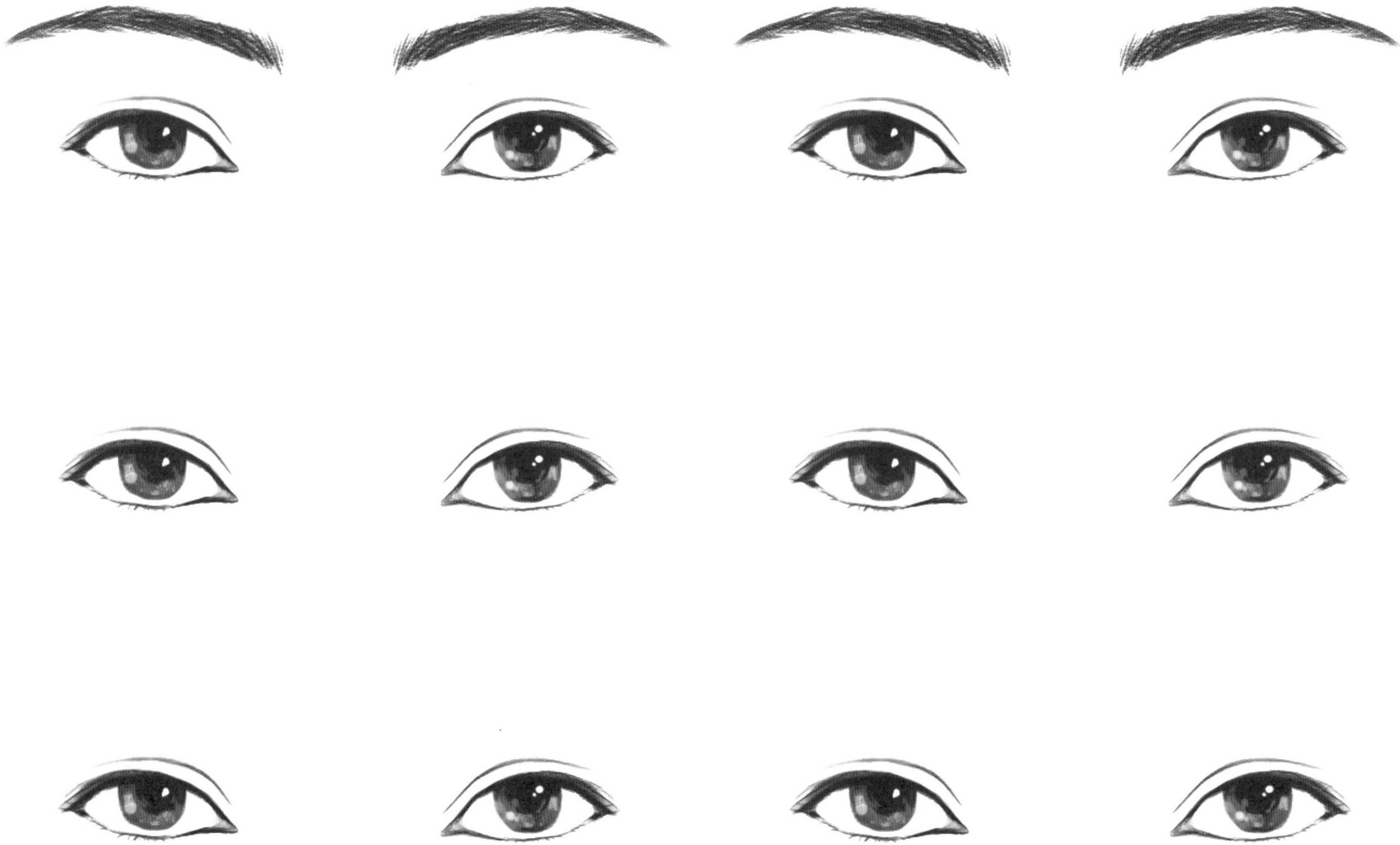

▶ 남자 눈

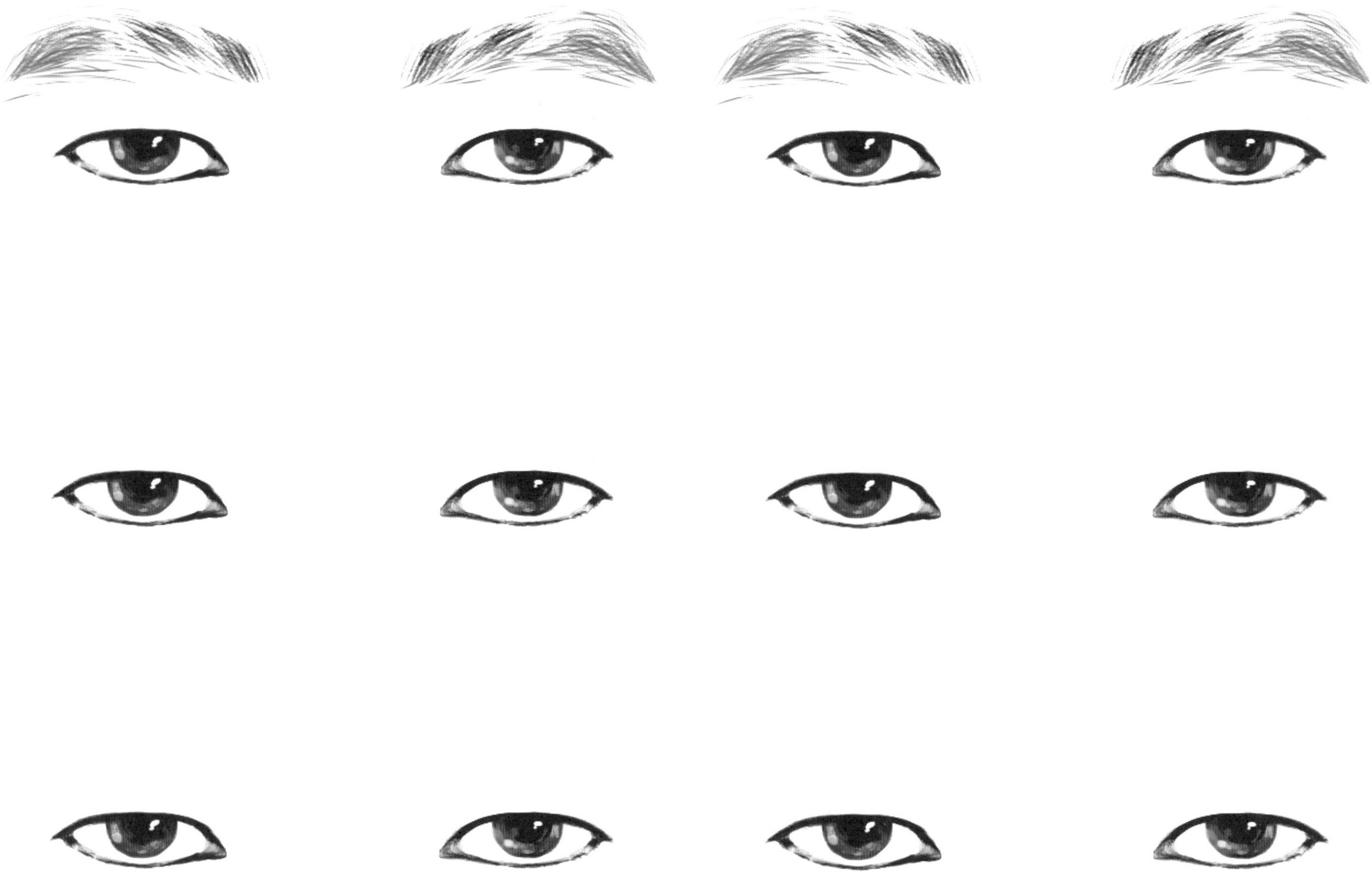

2-5. 얼굴형에 따른 눈썹 디자인

▶ 마름모형 얼굴 - 기본형 눈썹

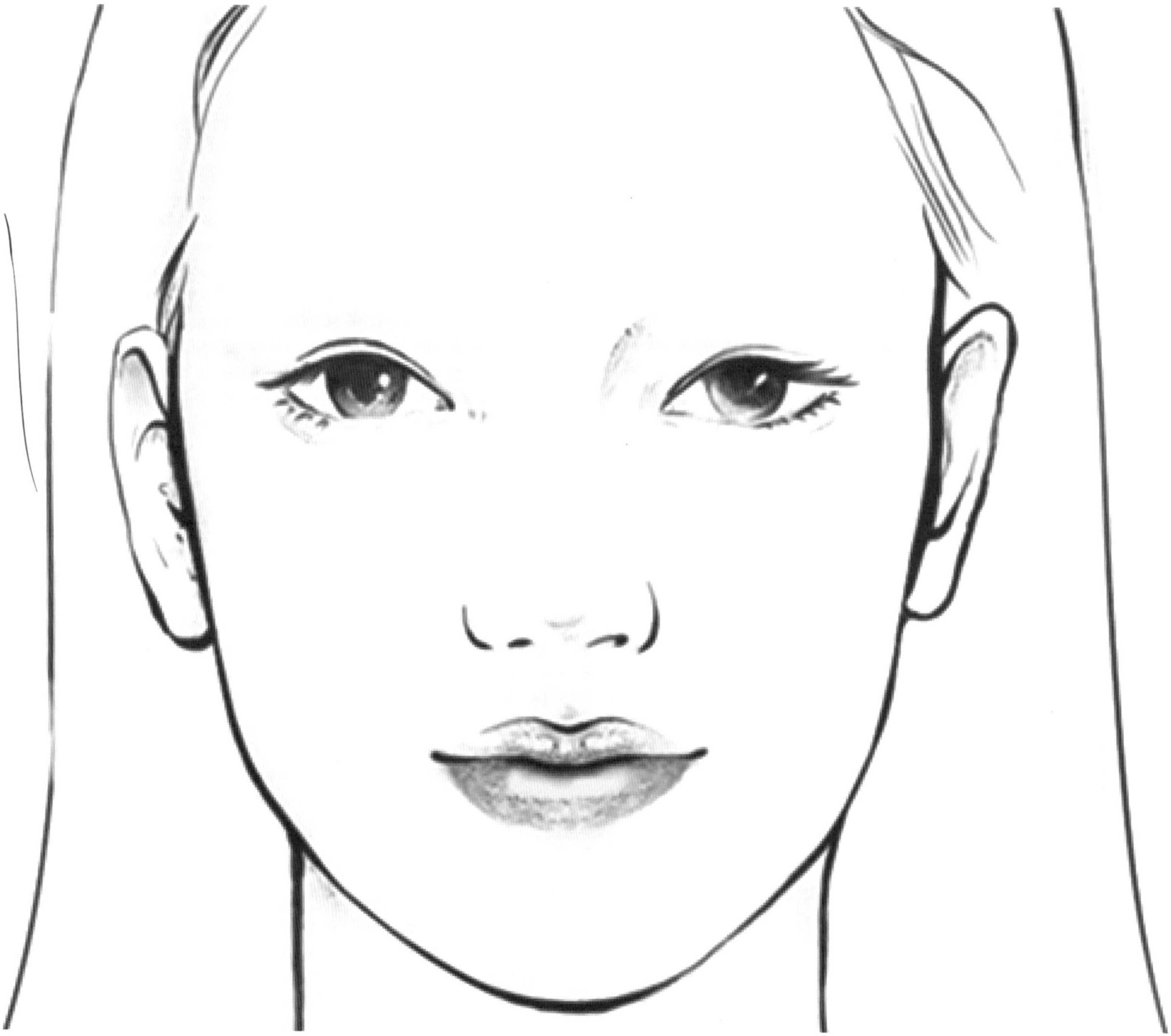

▶ 긴형 얼굴 - 일자형 눈썹

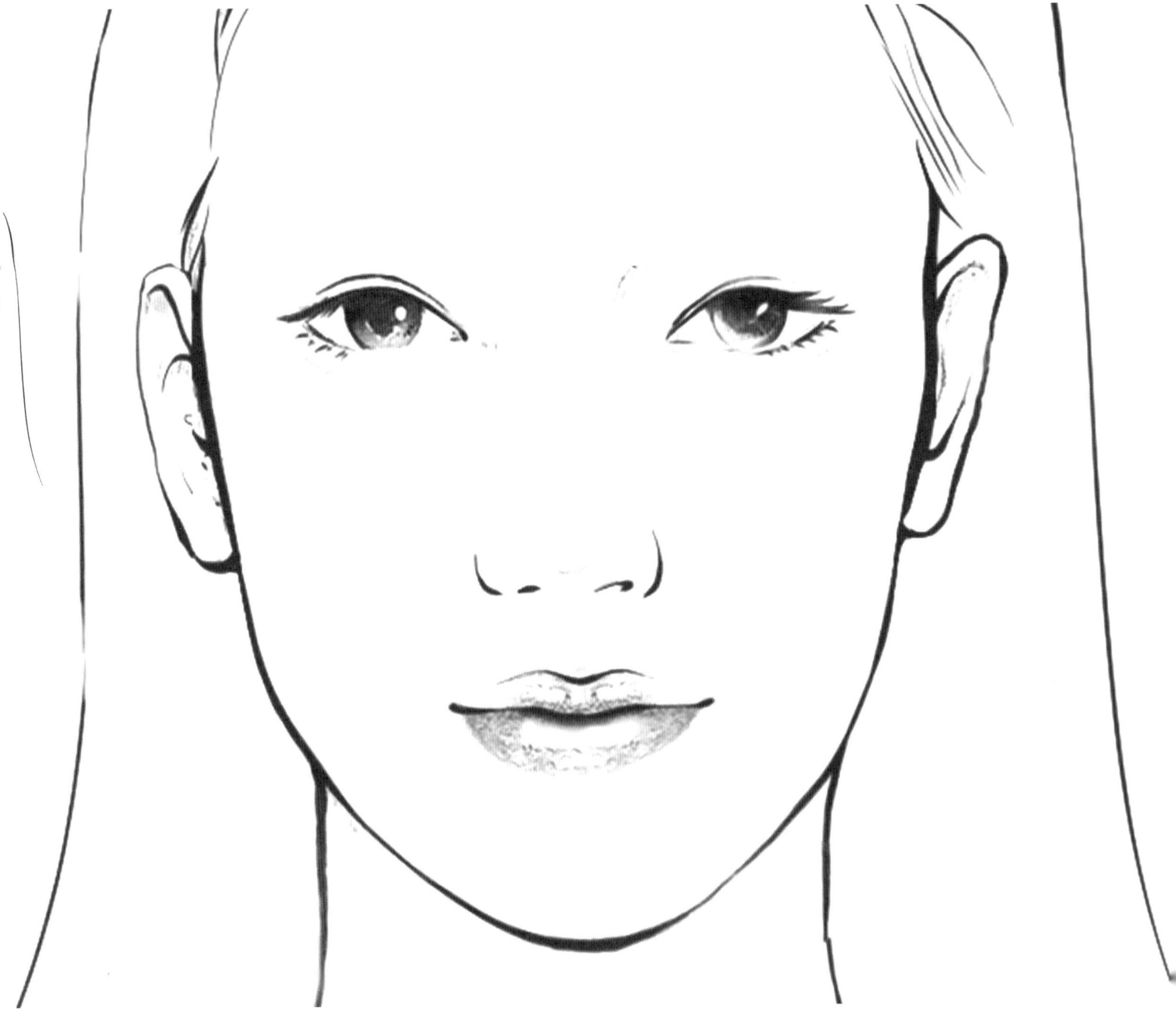

▶ 역삼각형 얼굴 - 둥근형 눈썹, 눈썹산을 올리고 가늘고 길게

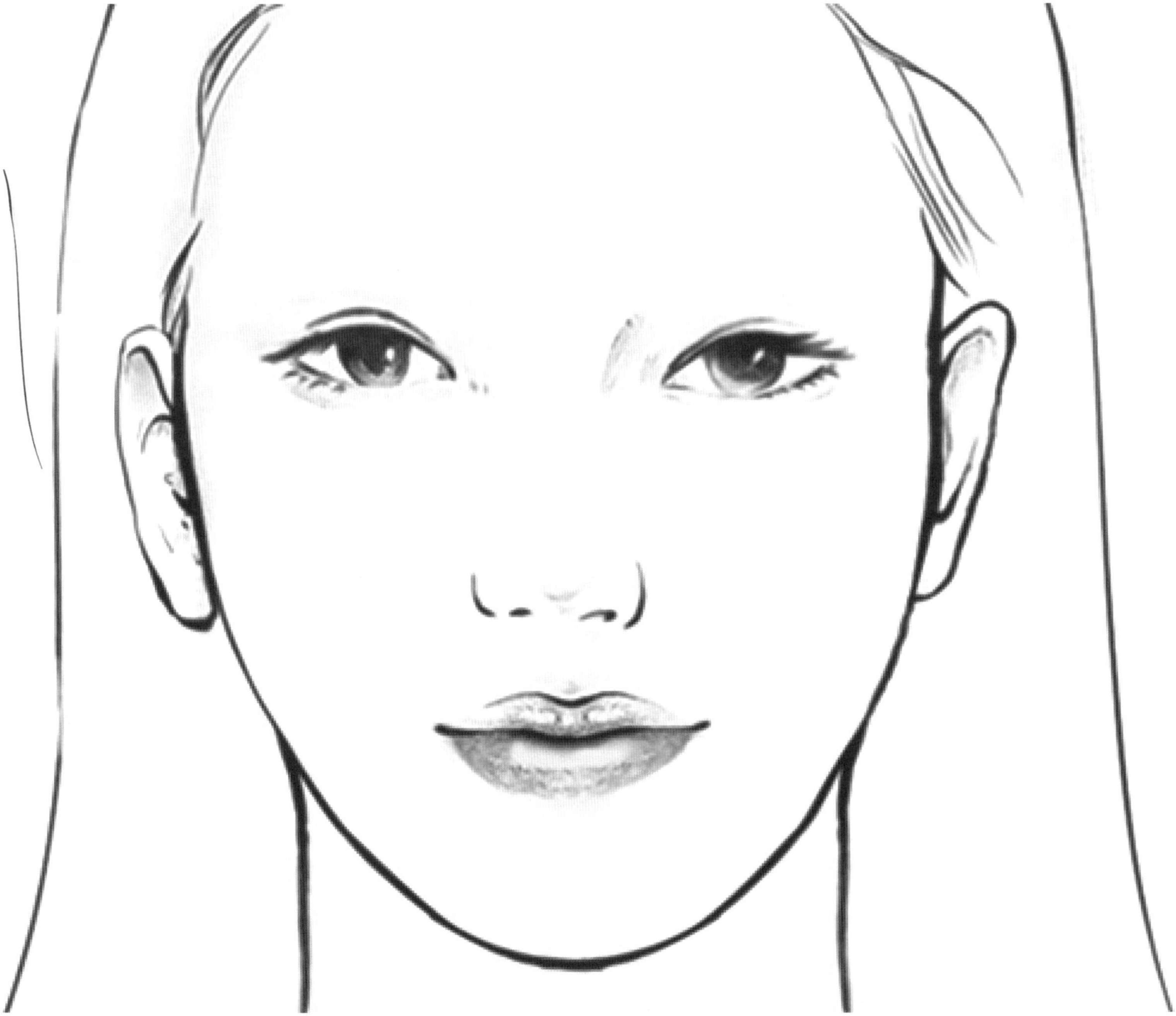

▶ 계란형 얼굴 - 표준형 눈썹, 각이 진 눈썹

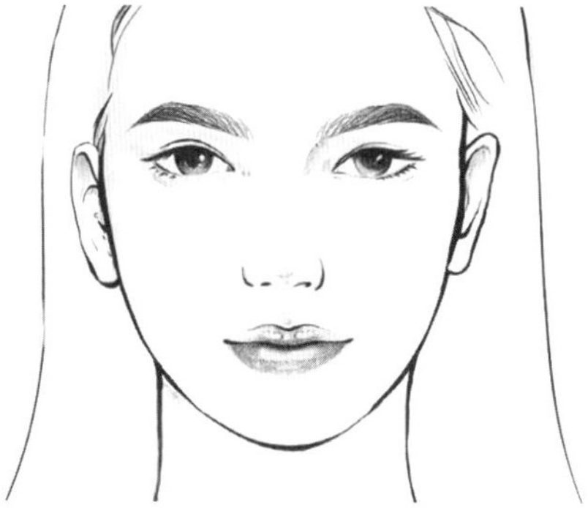

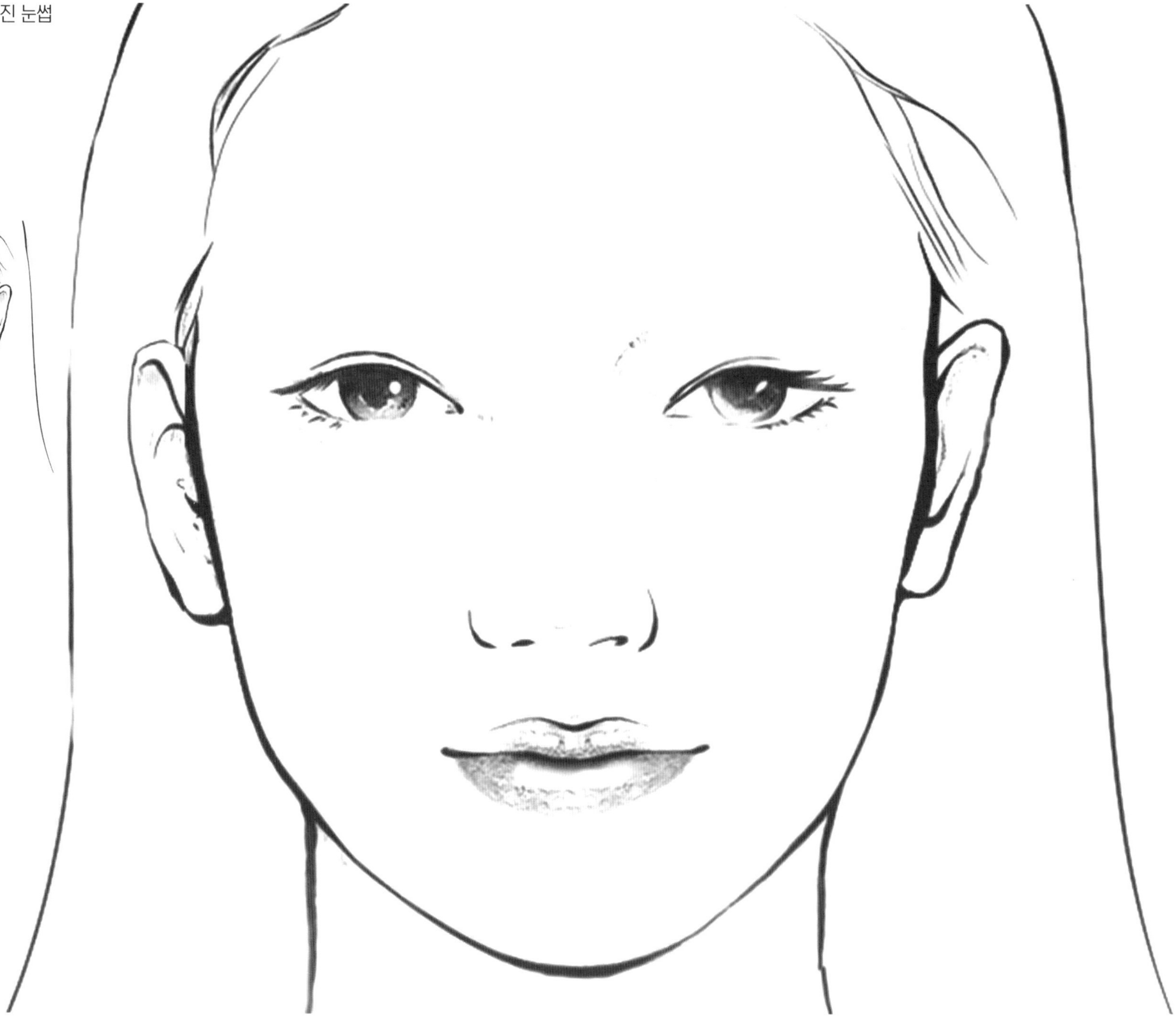

▶ 사각형 얼굴 - 아치형 눈썹, 부드러운 둥근 눈썹

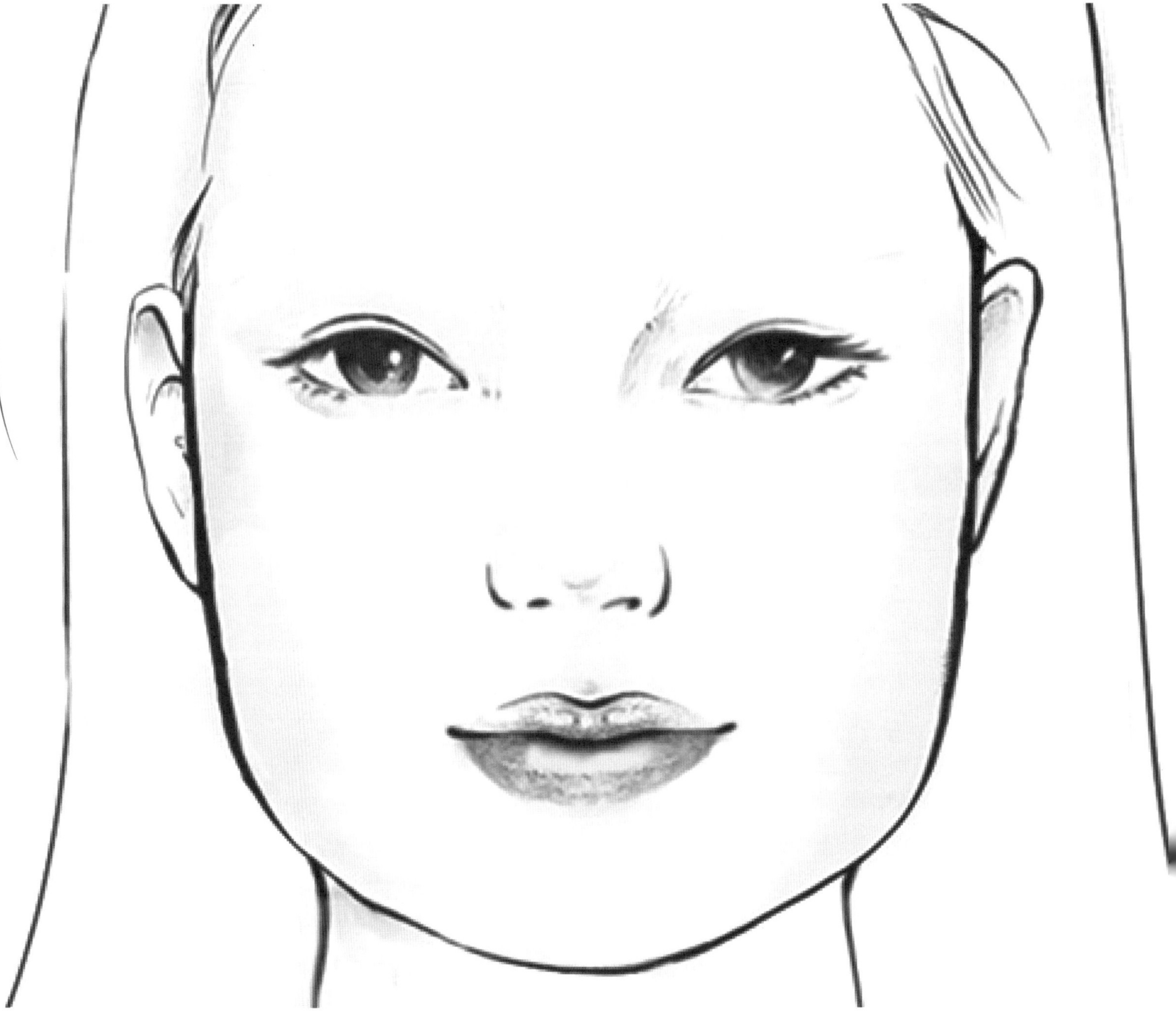

▶ 둥근형 얼굴 – 상승형 눈썹, 눈썹산은 올리고 짧게

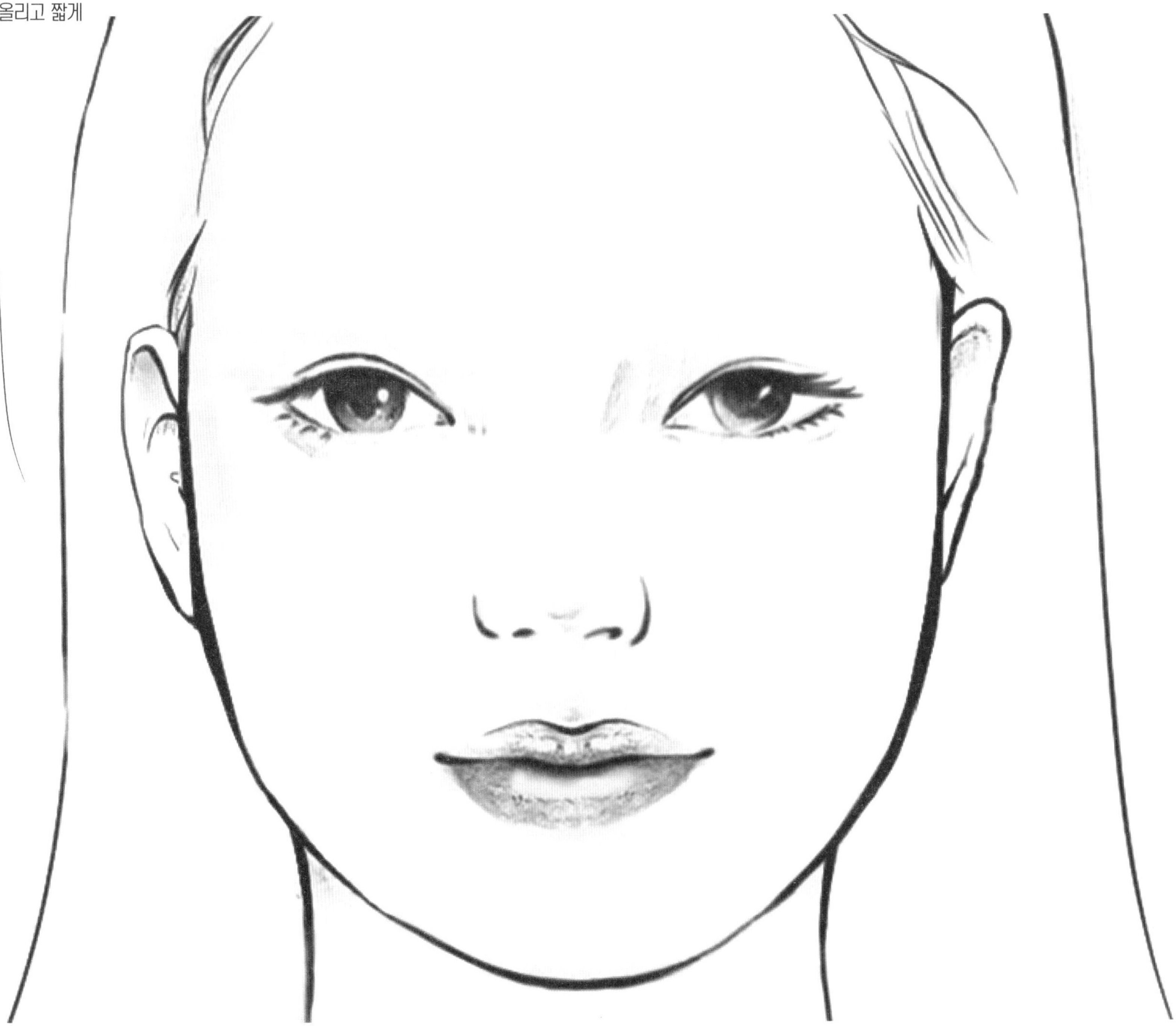

▶ 마름모형 얼굴 - 일자형 기본 눈썹

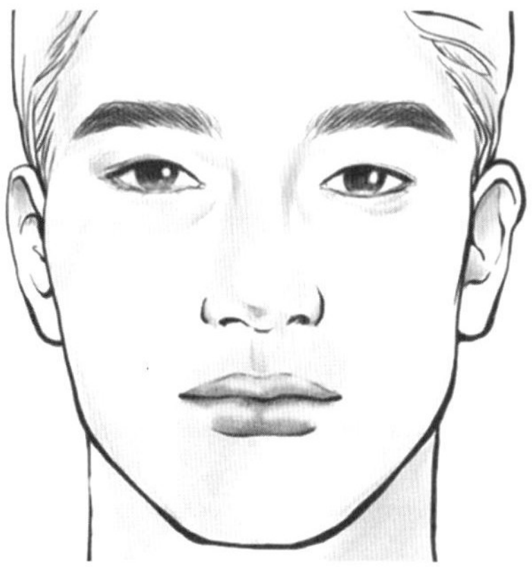

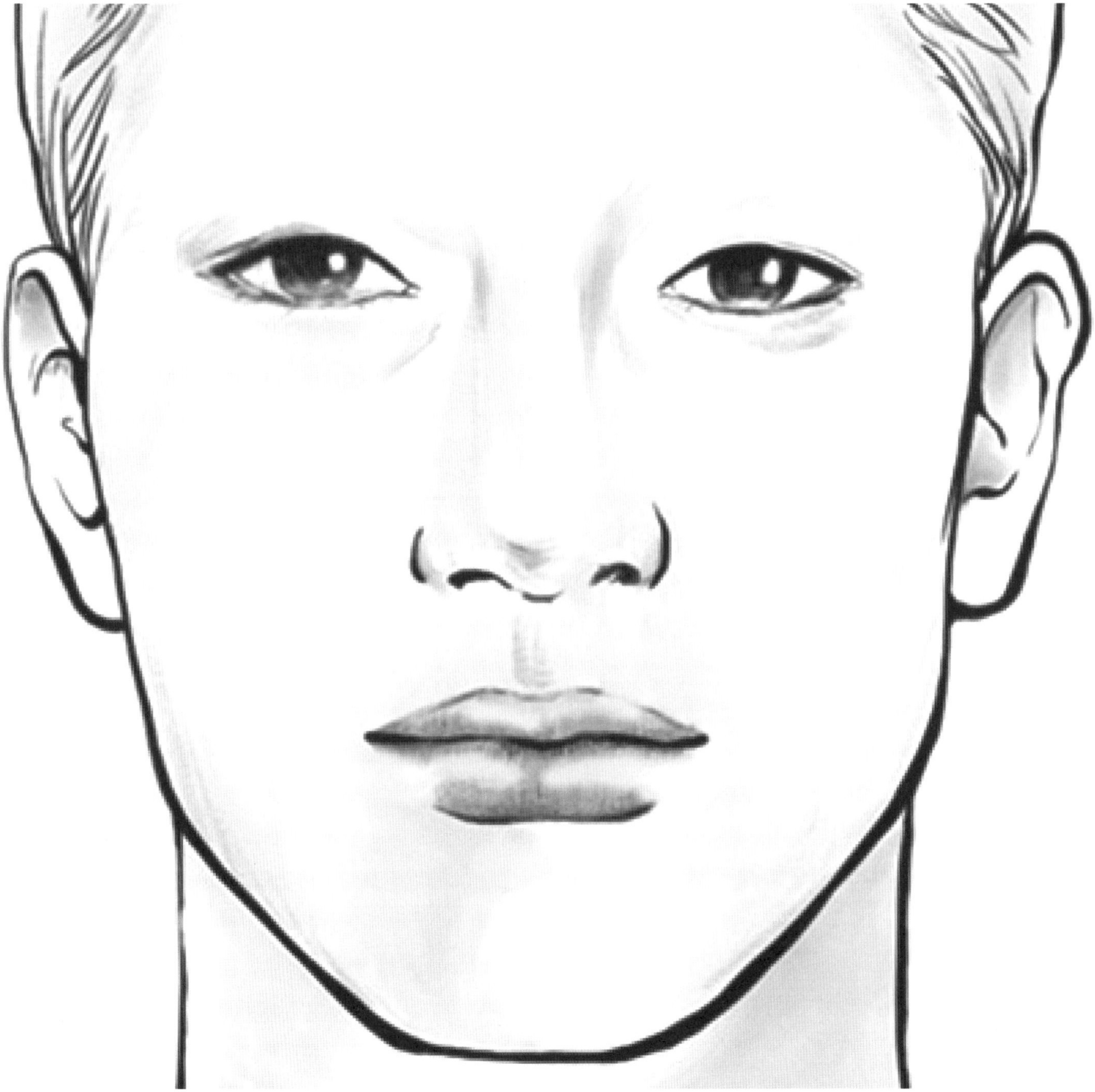

▶ 둥근형 얼굴 - 각진 일자형 눈썹

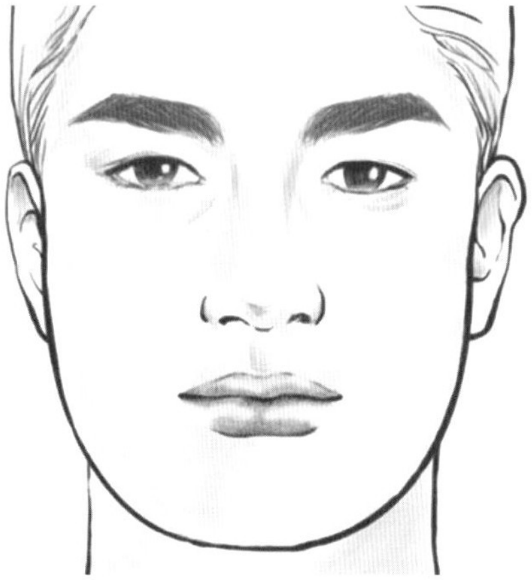

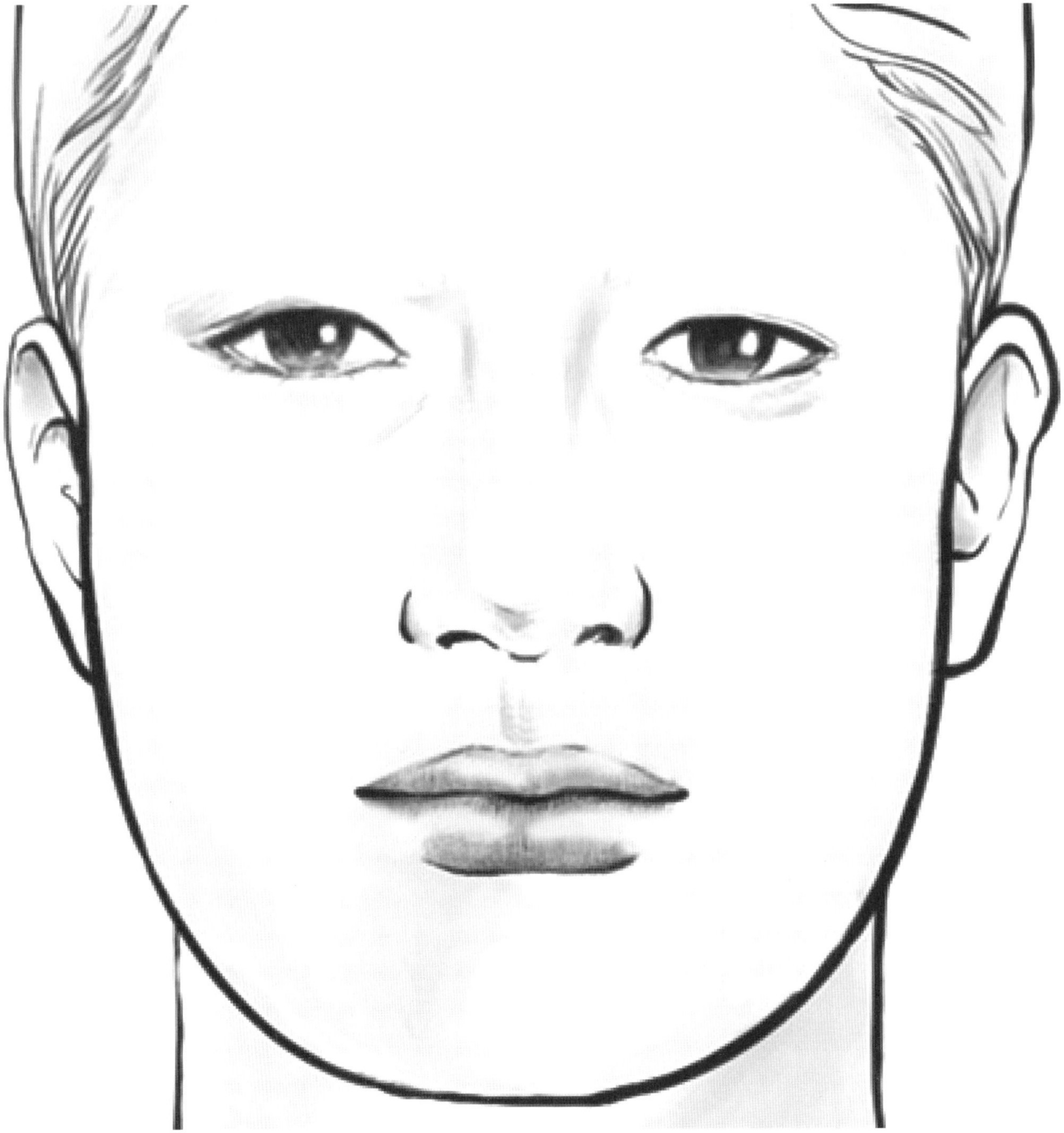

▶ 기본형 얼굴 - 삼각형 눈썹

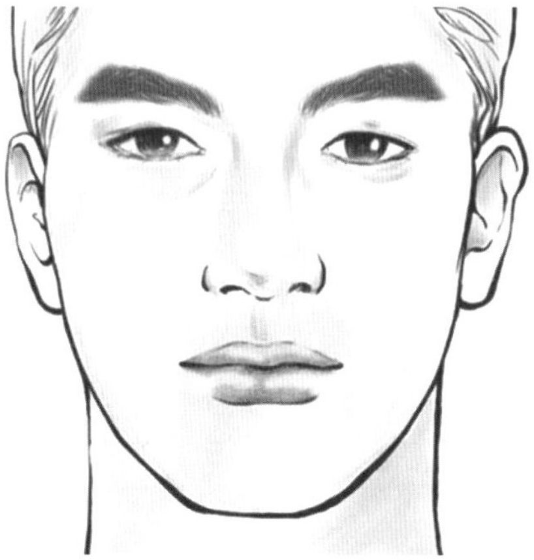

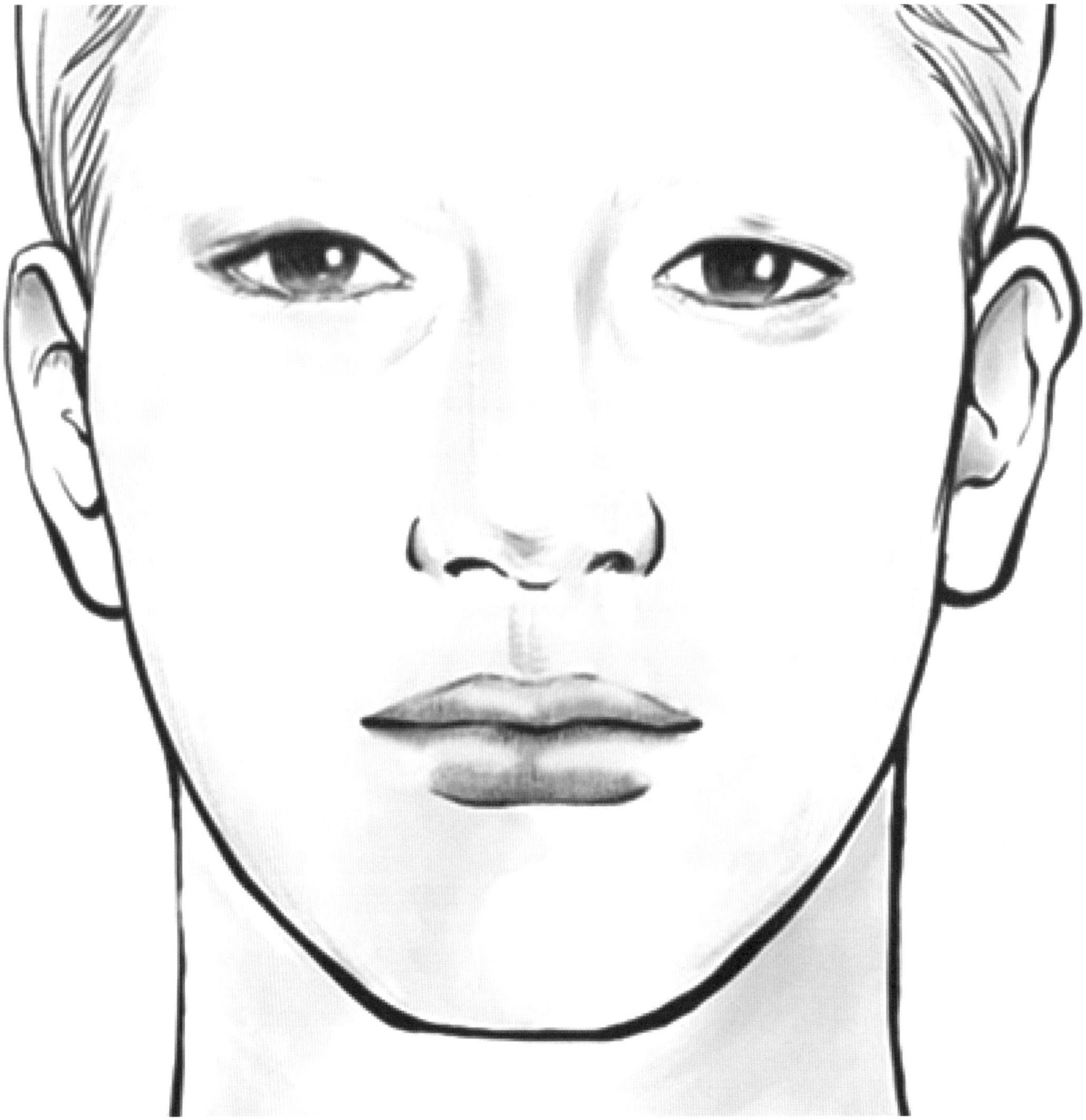

3 아이라인 eye line

3-1. 아이라인 디자인

▶ 눈 형태에 따른 아이라인 디자인

외꺼풀: 중앙 아이라인 또는 전체적으로 라인을 두껍게

처진 눈: 눈꼬리를 끝가지 따라가지 않고 0.2mm 이상 위쪽에서 살짝 올려 줌

올라간 눈: 꼬리의 각도를 내려주고 뒷 부분을 두껍게

3-2. 아이라인 디자인 연습

▶ 기본 눈

▶ 올라간 눈

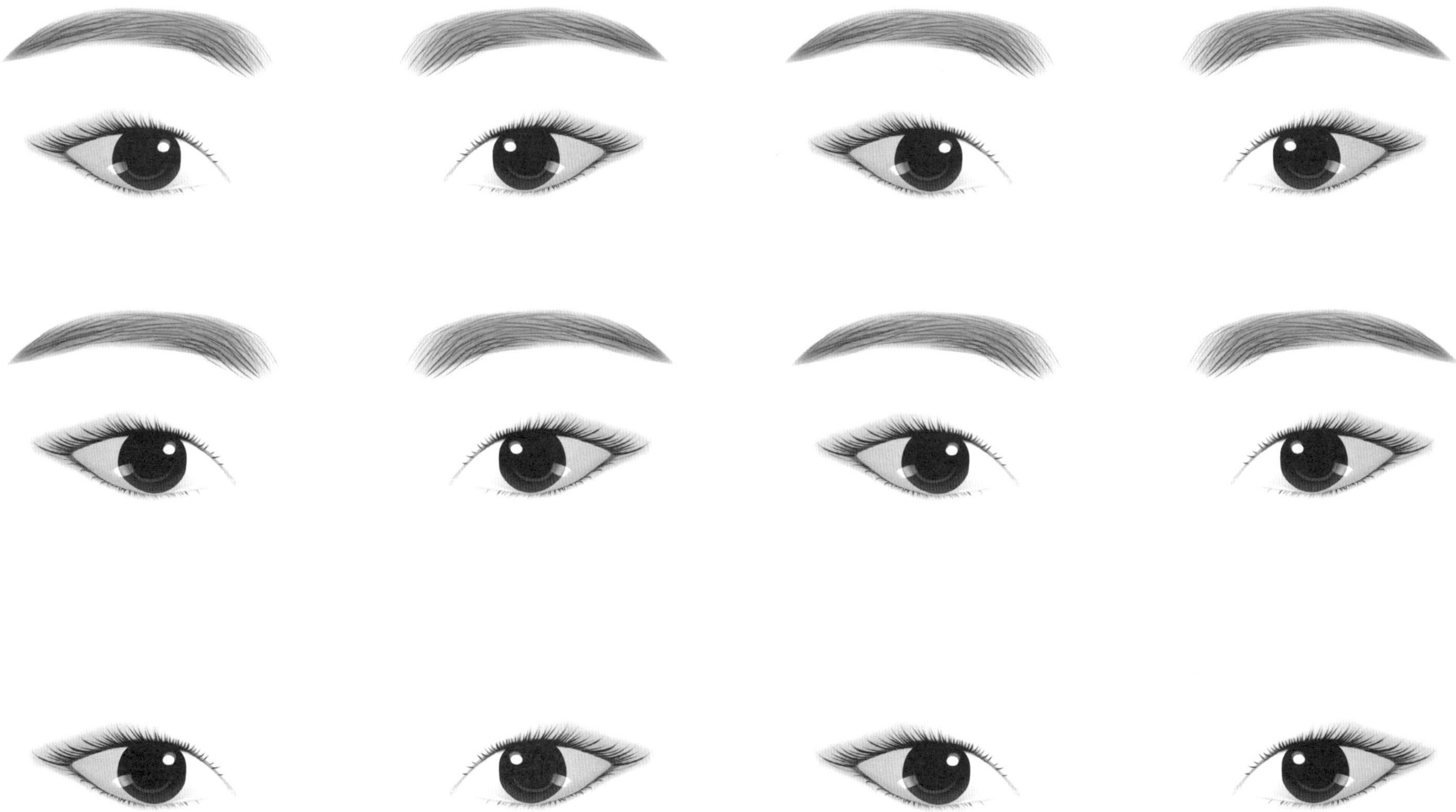

▶ 쳐진 눈

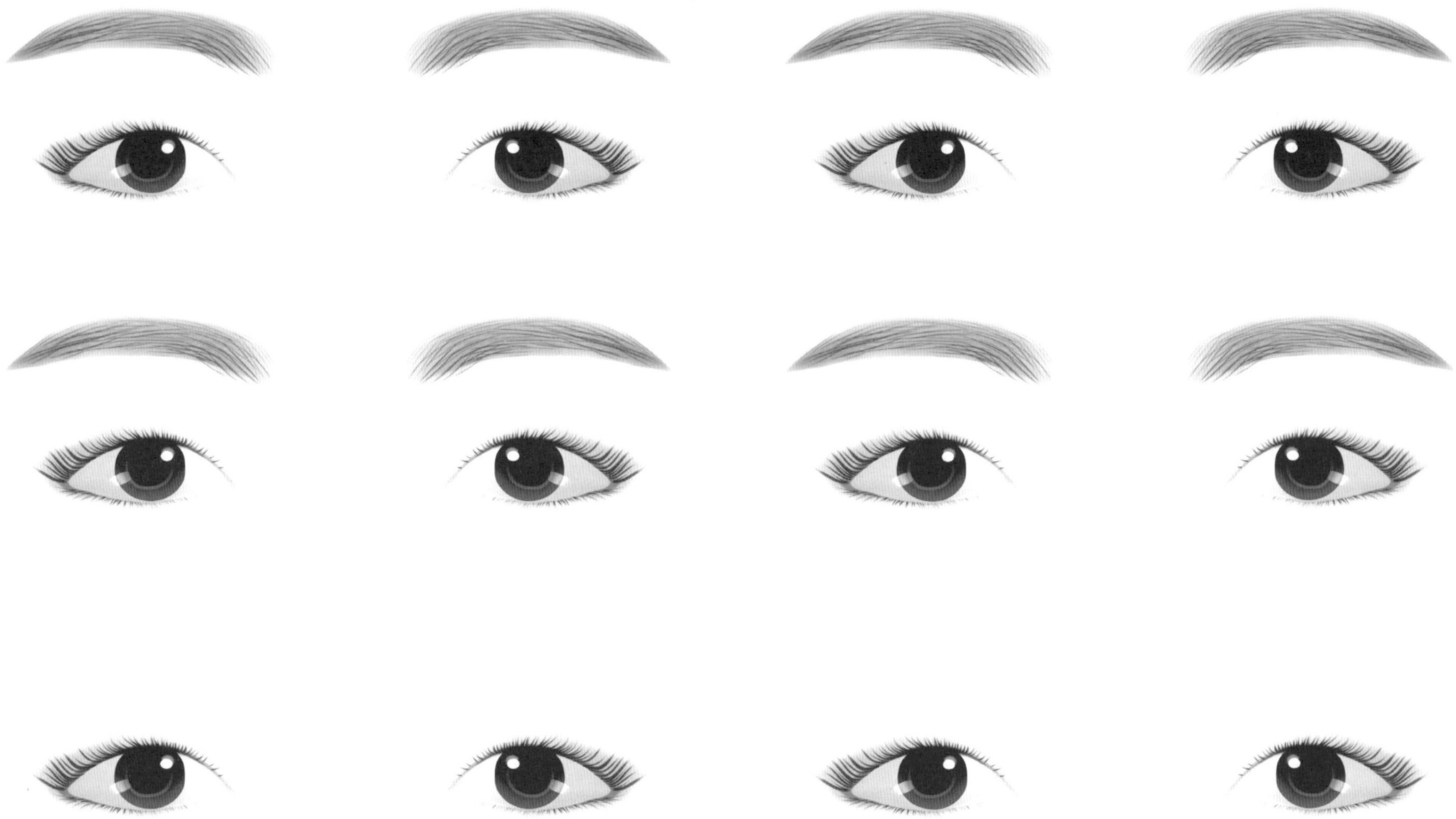

▶ 감은 눈

3-3. 다양한 눈모양과 눈썹, 아이라인 디자인

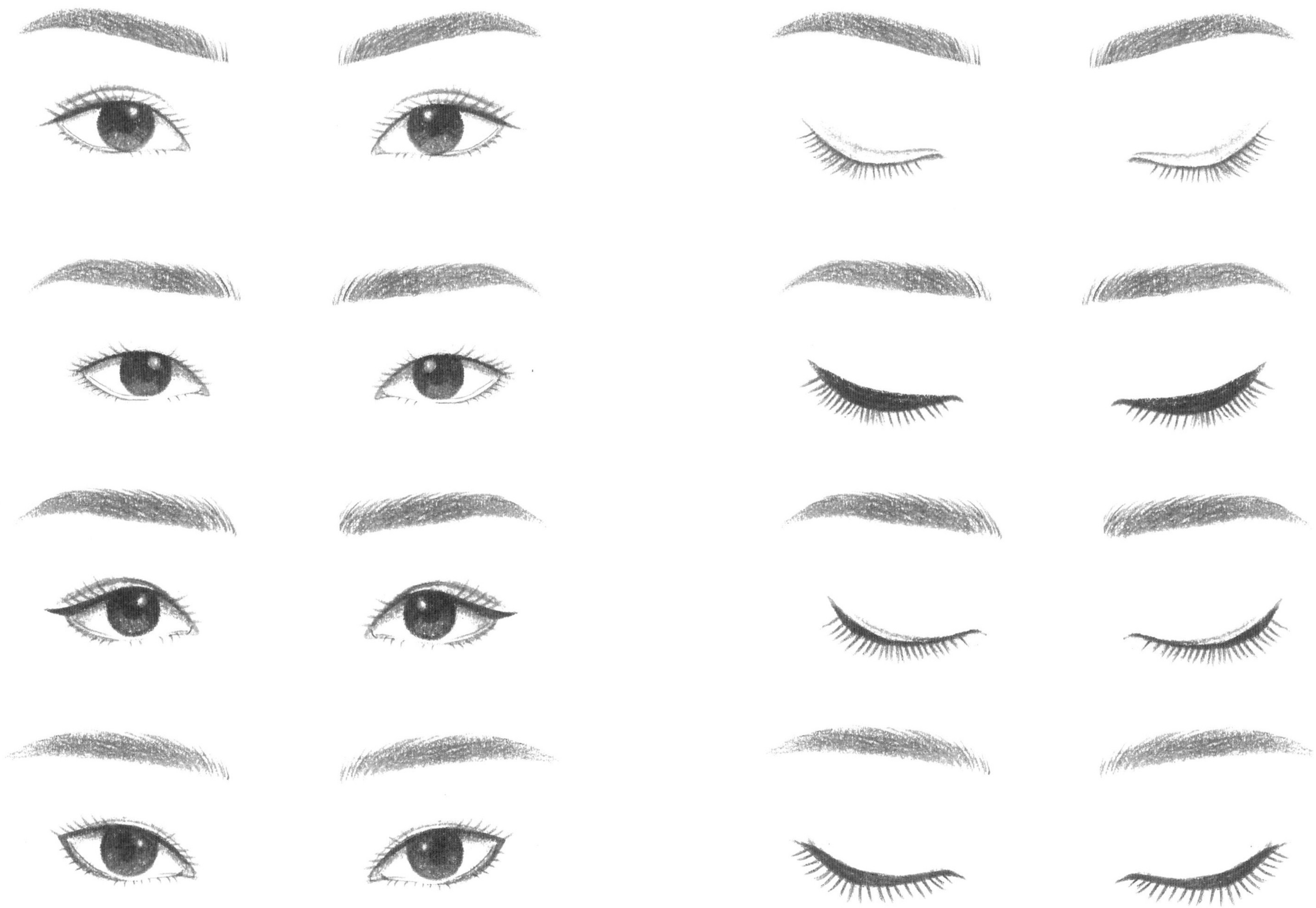

▶ 큰 눈

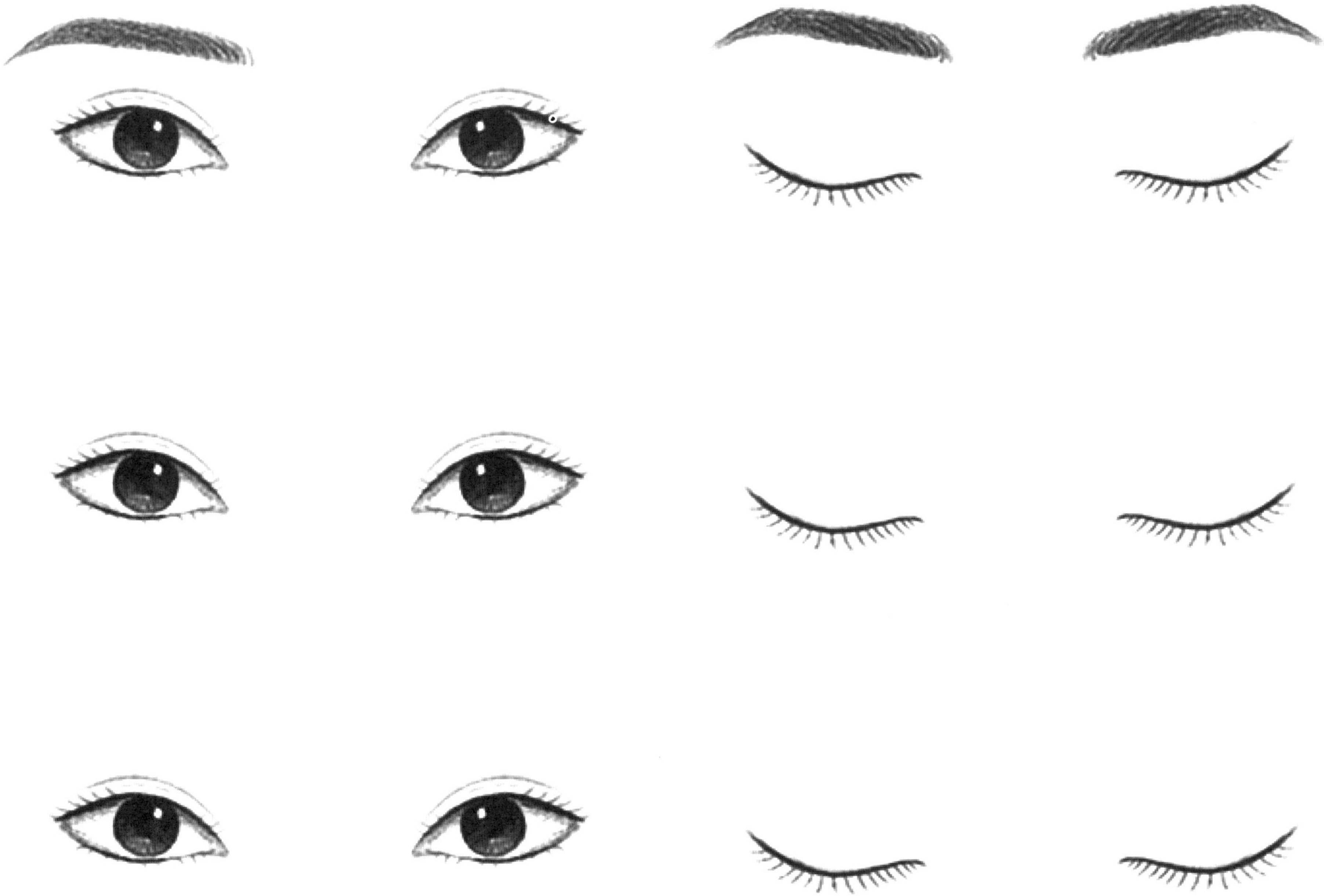

▶ 외꺼풀 눈

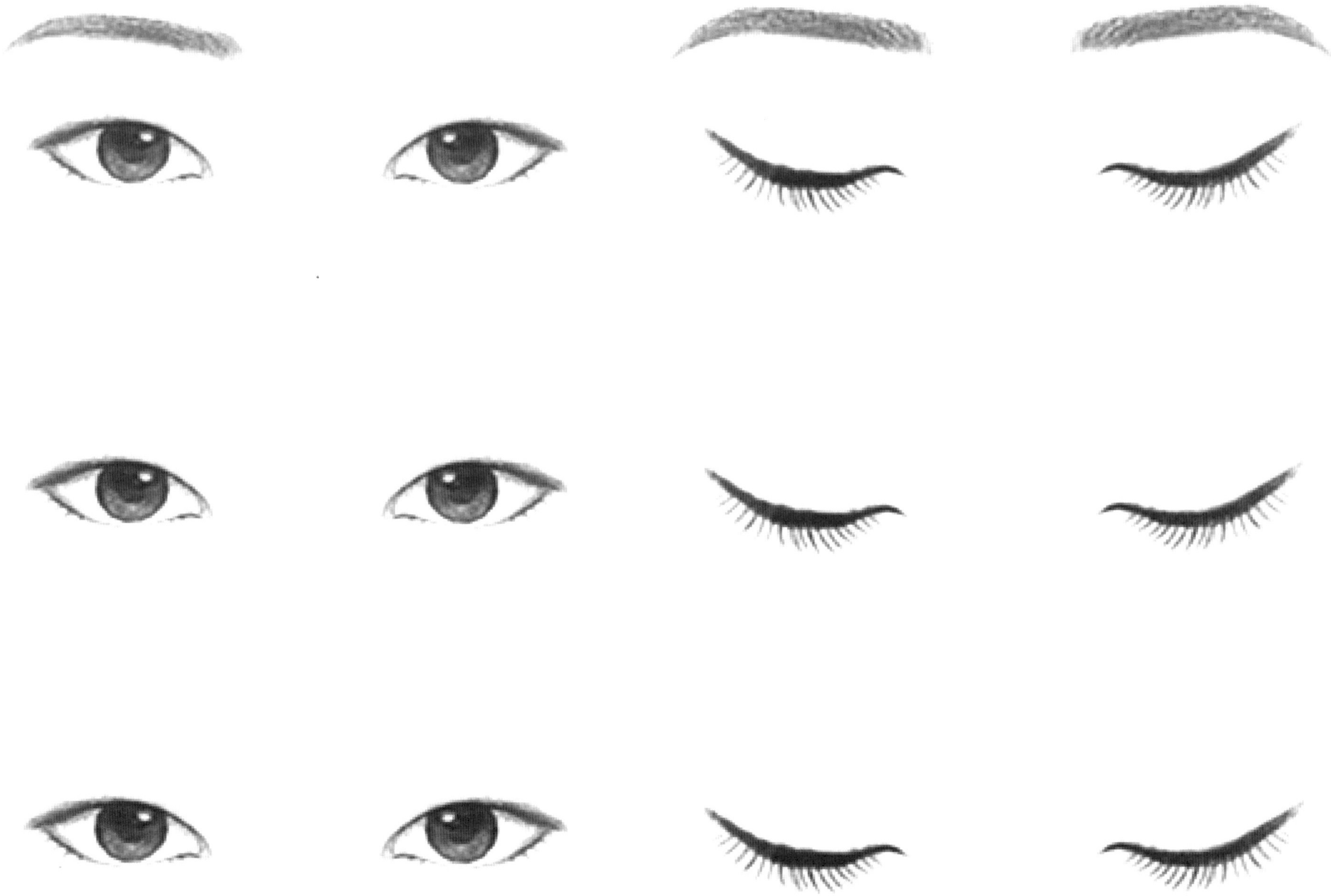

▶ 처진 눈

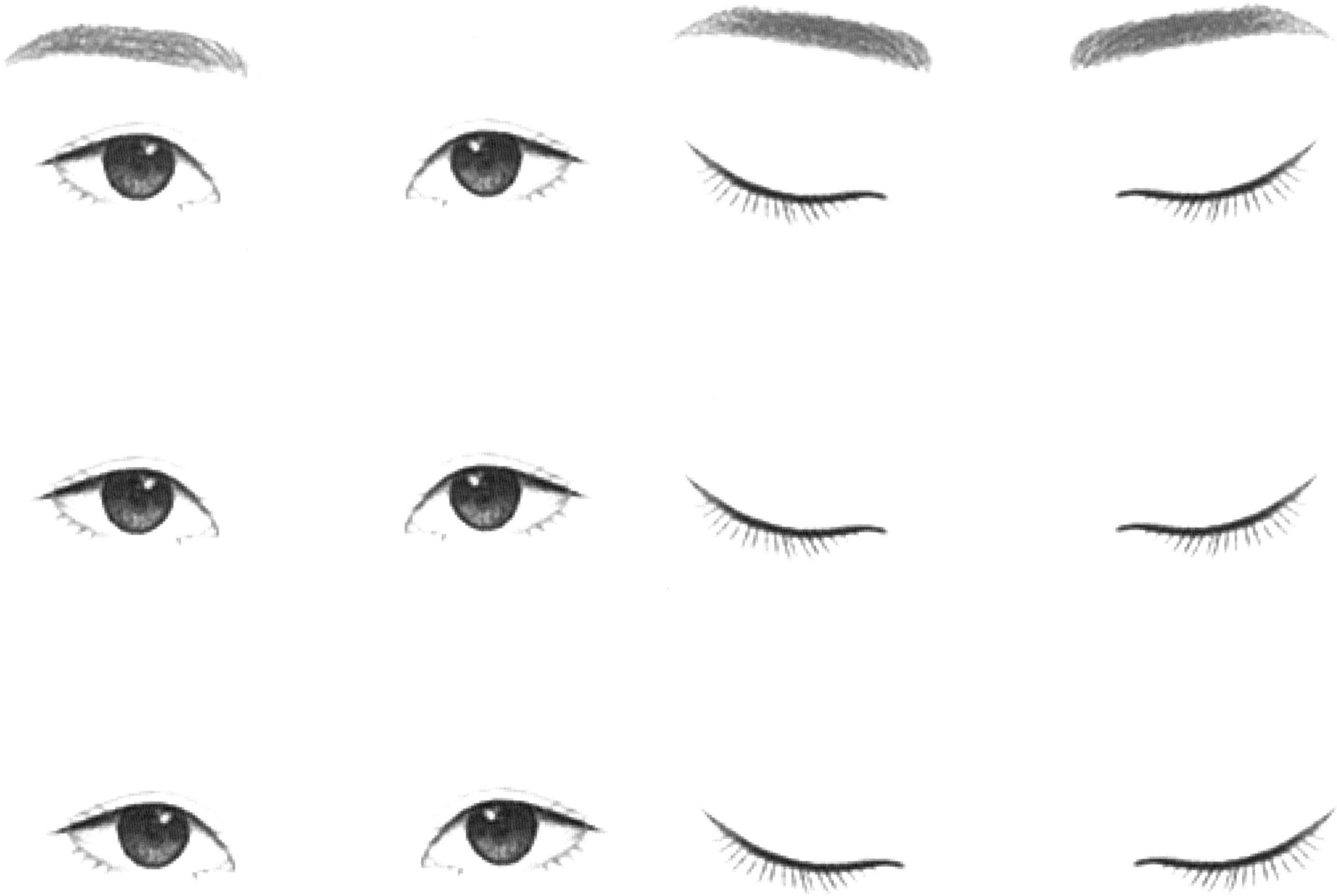

▶ 작은 눈

4 입술 lip

디지털 기기를 사용하여 입술라인을 그리고 입술색을 꼼꼼히 채워준다.

입술은 윗입술과 아랫입술의 비율을 1: 1.5로 디자인하고 양쪽입술이 좌우대칭인지 확인한 후에 디자인 한다. 입술은 반영구 시술시 가장 통증이 심하고 주름이 많아 입술을 평평하게 당겨서 시술하며 원하는 색상이 나올 수 있도록 색상을 조정한 후 여러번에 걸쳐 반복한다.

4-1. 다양한 눈모양과 눈썹, 아이라인 디자인

▶ 인커브 디자인 – 본인의 입술보다 안쪽으로 시술하는 방법으로 입술이 두꺼운 경우 바깥쪽에 색을 피부색으로 맞추고 안쪽을 시술한다. 보통 입 입술을 0.05cm 정도 줄이고 아랫입술은 줄이지 않는다.

▶ 아웃커브 디자인 – 입술이 얇은 경우 입술을 바깥쪽으로 더 크게 시술하는 방법으로 고객과 협의하여 조금씩 두꺼워지게 디자인한다.

▶ 입술에 볼륨이 없고 직선인 경우 – 입술라인을 바깥쪽으로 두께감 있게 시술하고 이붓에 색 조절을 통해 명암효과를 주어 볼륨감을 준다

▶ 라인이 깔끔하지 않고 끊어진 경우 – 라인에 신경을 써서 라인을 이어주지만 너무 진하면 자연스럽지 않기 때문에 입술색과 가장 비슷한 색으로 자연스럽게 라인을 이어 준다.

▶ 좌우 대칭이 안 맞는 경우 – 얼굴 전체의 균형을 살펴보고 고객과 협의하여 조금씩 좌우대칭이 되도록 디자인한다.

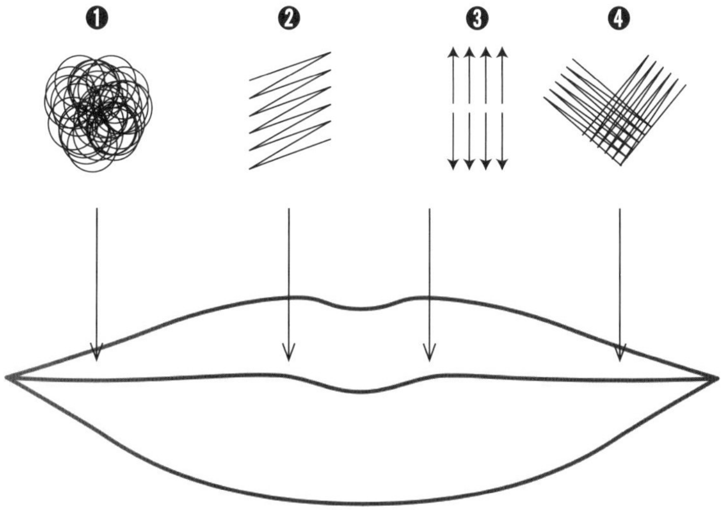

4-2. 립라인 수정

▶ 입술선을 수정할 때에는 0.1mm를 넘지 않게 한다. (아웃, 인라인 모두)

1. 입술의 모든 선은 완만한 곡선으로 표현
2. 입술산은 양 콧구멍과 수직으로 만나는 위치
3. 입술선은 안쪽에서 바깥쪽 방향으로 그려준다.

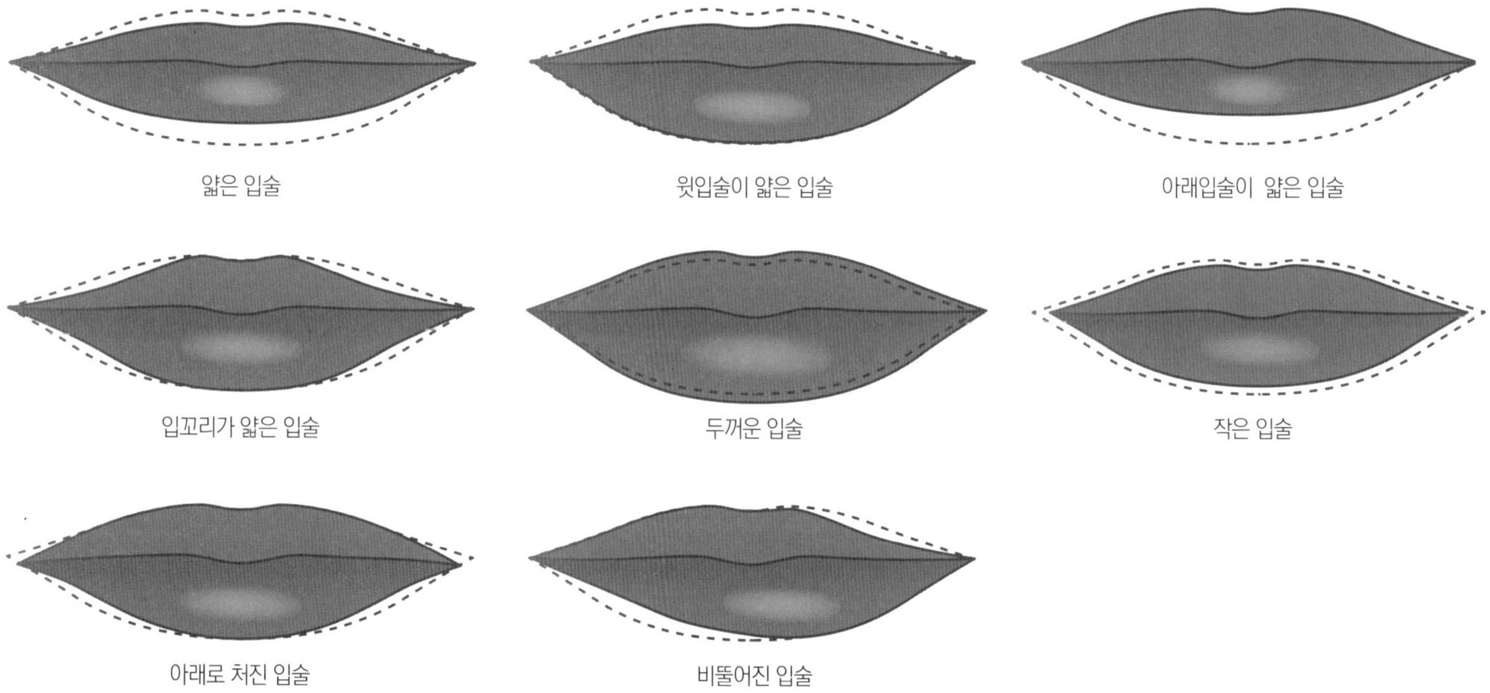

▶ 립라인 후 풀 칼라를 칠한다.

1. 입술 중앙이 가장 진해야 한다.
2. 중앙 주변은 조금 밝게 한다.
3. 입술 외곽은 흐려져야 자연스럽다.

▶ 입술 시술시 유의 사항

1. 오른손잡이의 경우 오른쪽에서 시술한다.
2. 레드, 핑크, 오렌지로 크게 구분하여 믹스 사용
3. 입술은 혈관이 많아 너무 깊게 찌르거나 두꺼운 바늘로 시술하지 않는다.
   - 피가 많이 나고 혈종이 잘 생긴다.
4. 볼에 붉은기 있으면 입술 컬러 선택은 연 보라색 옅은 핑크색을 적용
   - 붉은색 적용은 볼의 붉은색을 더 강조하게 된다.
5. 윗 입술의 산이나 윗 입술의 윤곽은 신경과 만나는 지점이므로 매우 민감한 부분이므로 시술시 주의한다.
6. 입술 표피는 다른 피부의 표피보다 두껍고 혈관과 림프 드레인이 풍부하여 원하는 색이 나오려면 여러 단계가 필요하다.
7. 입술산의 좌우대칭을 맞추고 시술시 립라인 먼저 시술 후 입술 안을 메워 준다.
8. 입술 꼬리 부분의 피부는 입술과는 다른 종류의 피부이므로 이 부분에 색소가 주입되면 피부밑으로 색소가 스며든다.
9. 한번 시술한 입술선은 반복해서 수정하지 않는다.
   - 시술 도중 입술이 부풀어 올라 선의 불균형으로 보일 수 있다.

▶ 기본 입술

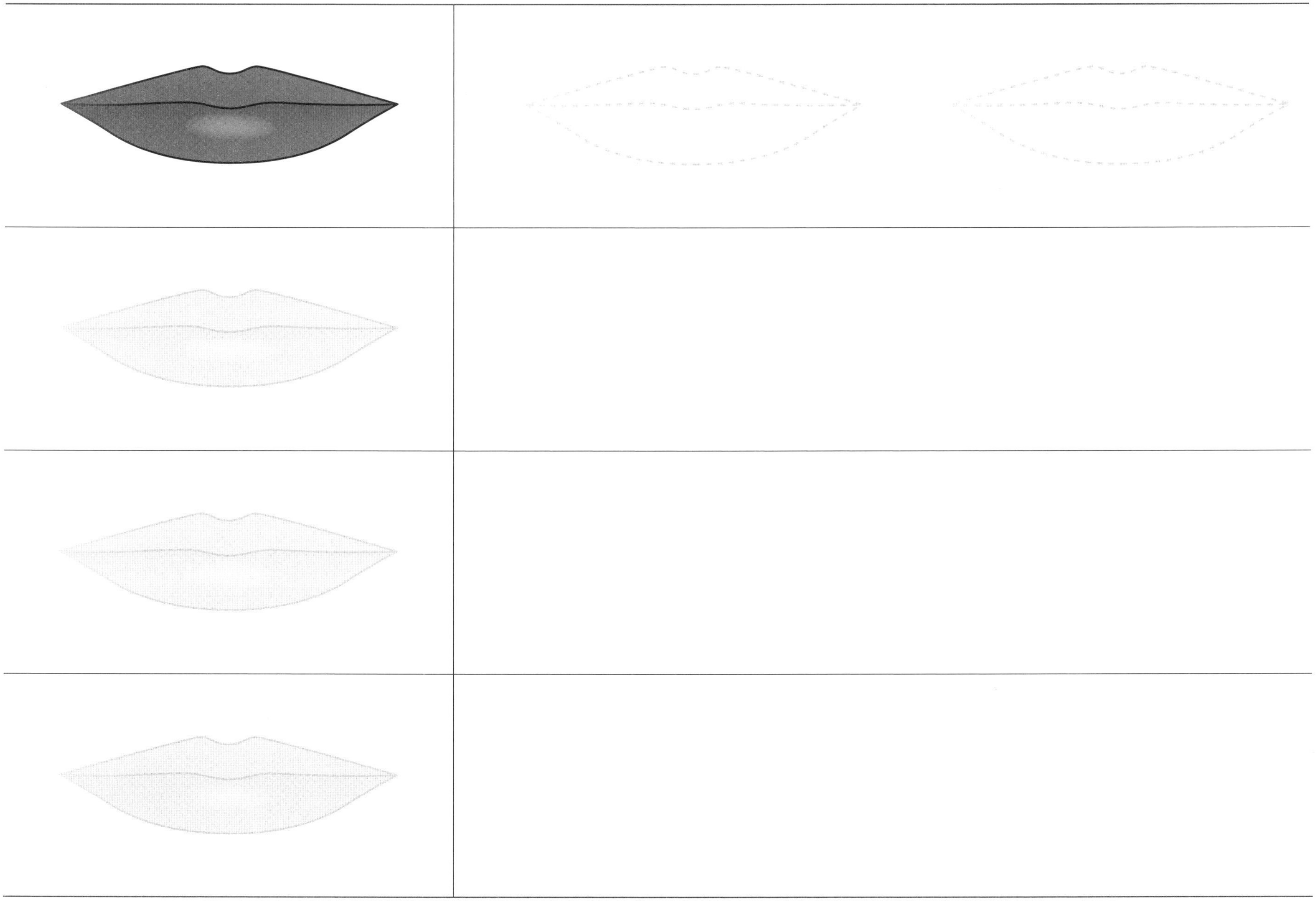

▶ 얇은 입술

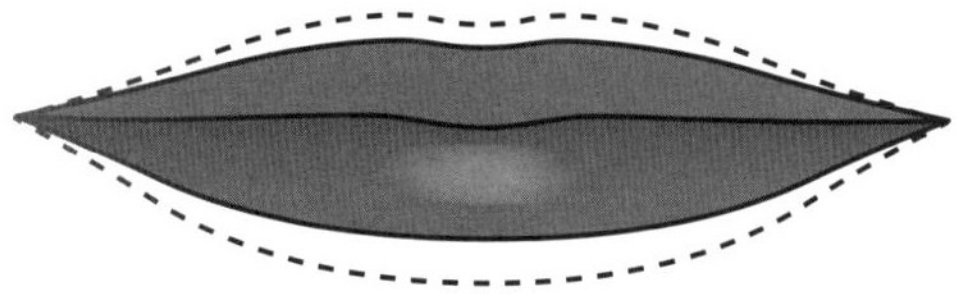

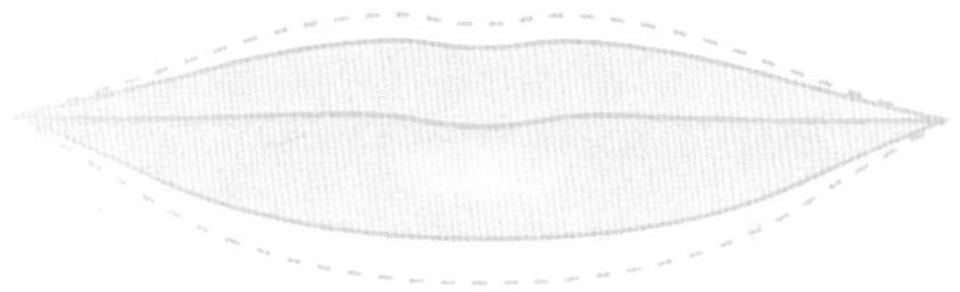

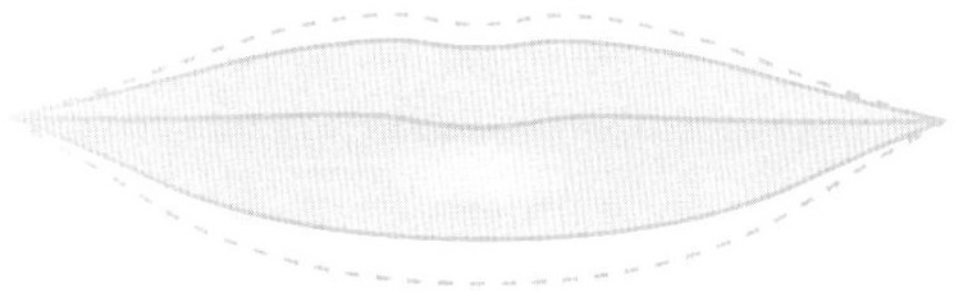

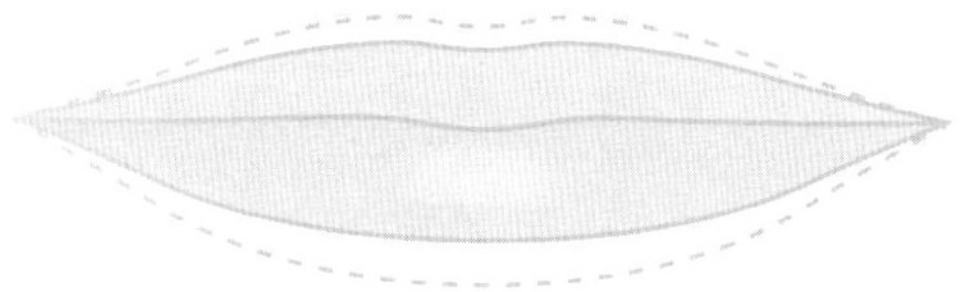

▶ 두꺼운 입술

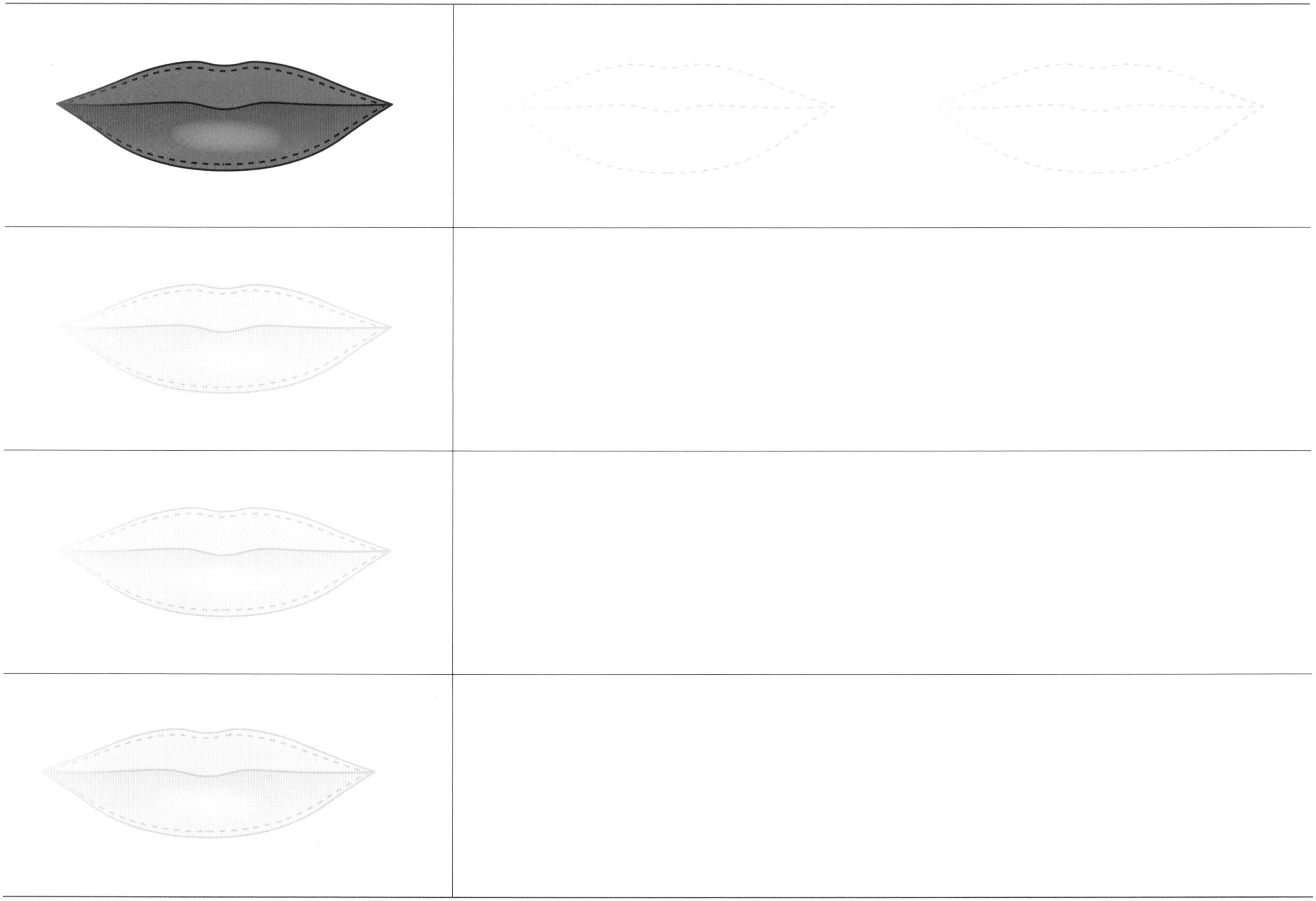

▶ 비뚤어진 입술

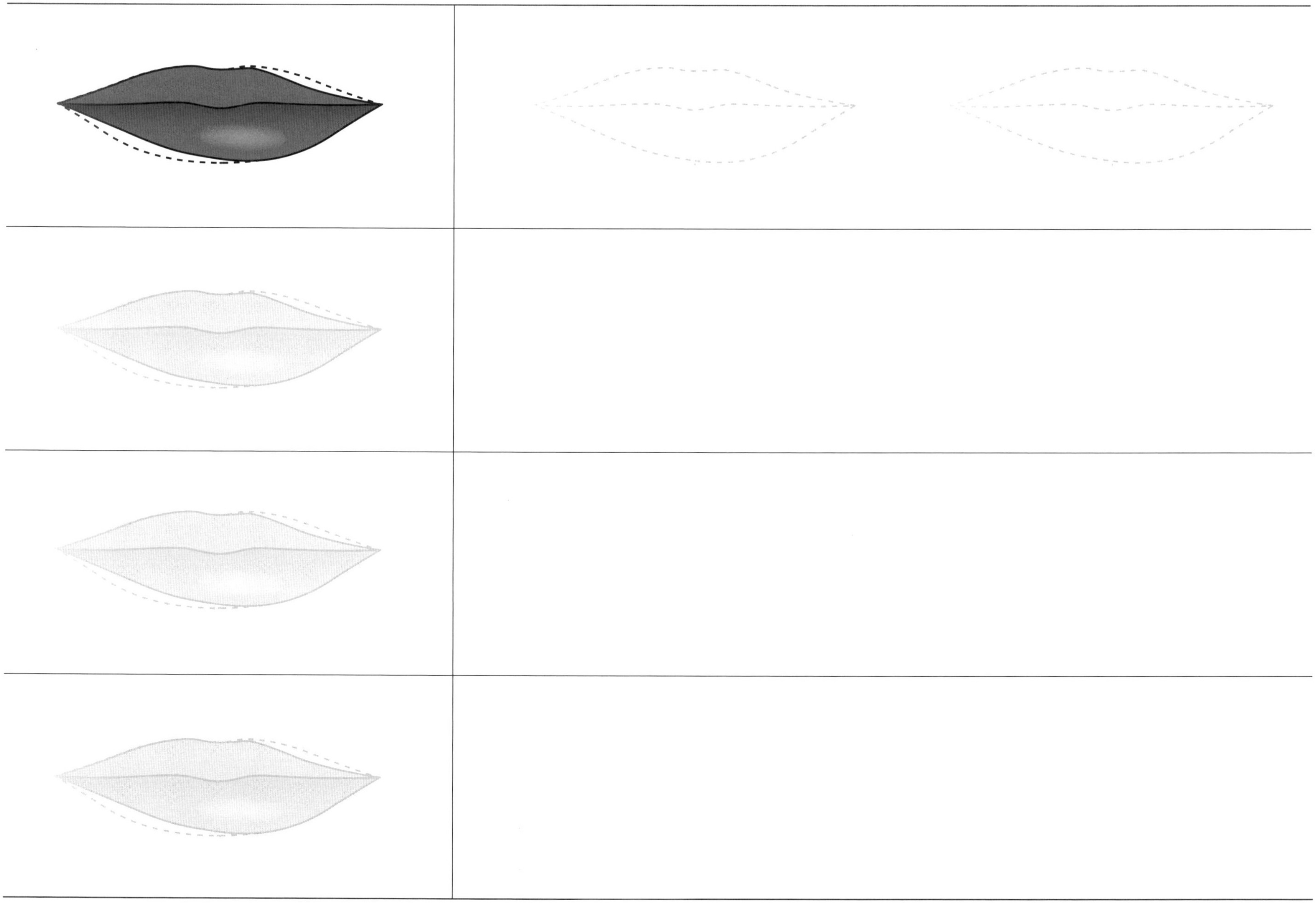

5 헤어라인 Hair Line

5-1. 디자인

1. 이마의 크기, 눈썹의 모양을 참고하여 헤어라인을 디자인 하고 중심점의 위치를 잡는다.
2. 고객과 상담을 통해 알맞은 위치와 색으로 디자인 한다.

- 시작점의 위치를 다르게 하여 자연스러움을 강조한다.
- 헤어라인은 머리카락이 난 방향을 맞추어 헤어와 같은 결 방향으로 가인드 라인을 만들어 준다.
- 사이 사이 헤어가 난 방향대로 2차 결터치로 채우며 선이 서로 교차되지 않도록 방향과 기울기를 신경쓴다.
- 헤어가 있는 부분도 자연스럽게 선을 연결한다.
- 가르마나 헤어라인의 형태를 보고 디자인하고 빈 부분은 촘촘하게 채워준다.
- 색소 준비 후 시술에 앞서 화장솜에 컬러테스트를 통해 색을 점검한다.
- 디자인에 맞추어 1차 시술을 한다. 힘의 강도를 조절하여 시작과 끝을 일정한 깊이로 시술하여야 색퍼짐이나 변색이 없다. 엠보펜의 각도는 90도를 유지한다.

5-2. 헤어라인 디자인 - 뒤로 넘김

헤어라인의 중심점을 잡고 머리카락의 방향에 맞추어 선을 그려 준다

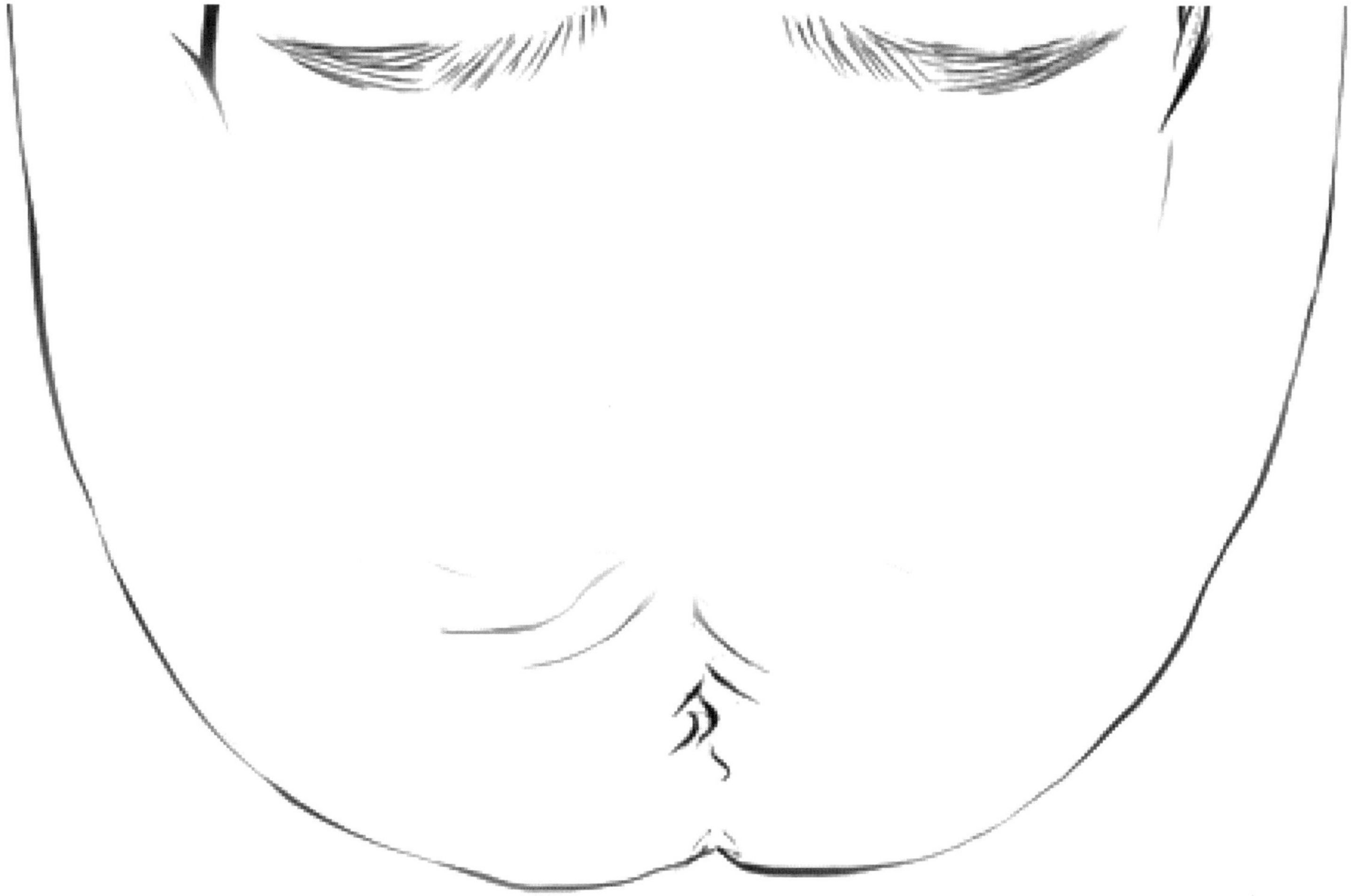

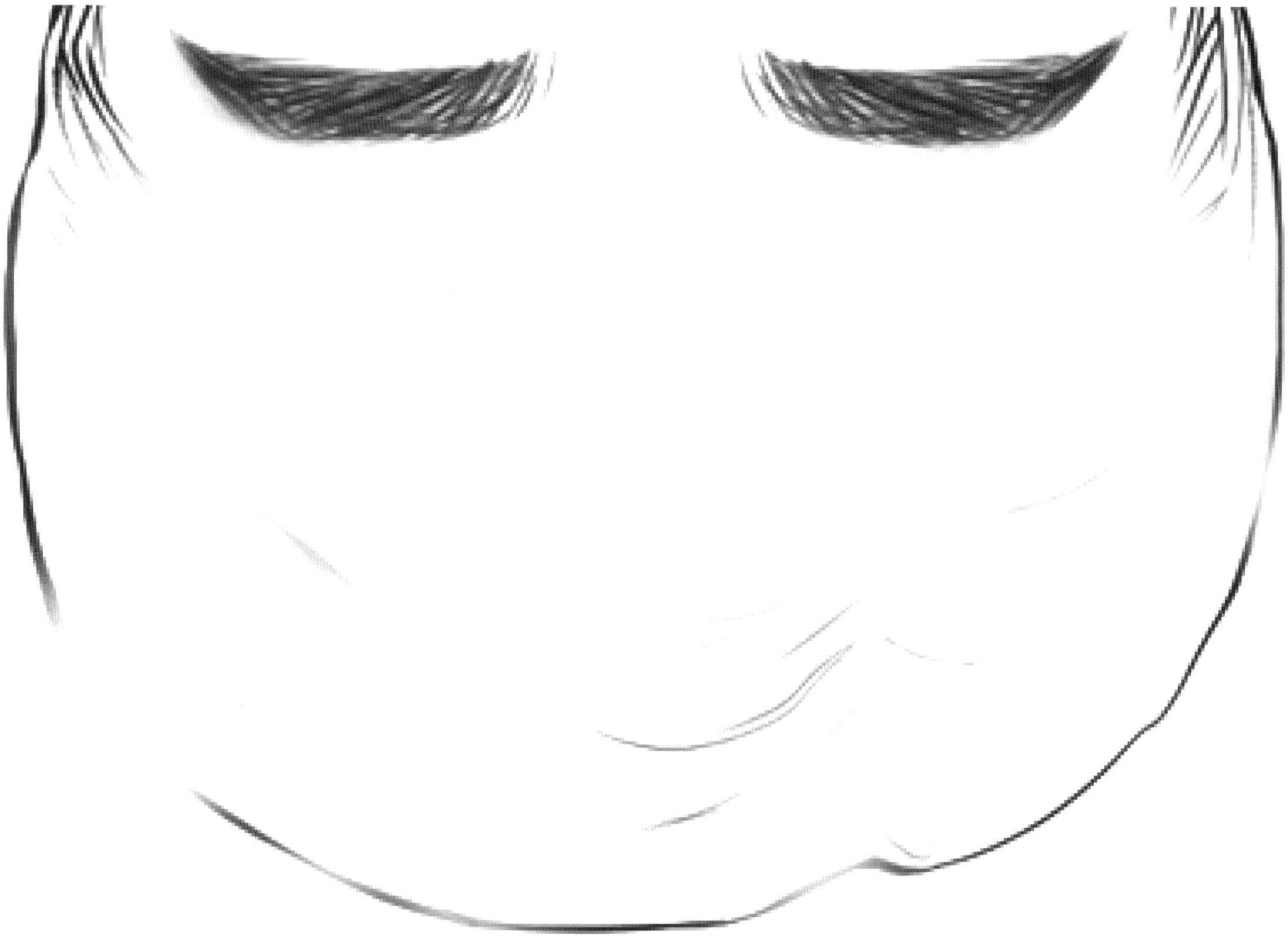

5-3. 헤어라인 디자인 - 가르마

헤어라인의 중심점을 잡고 머리카락의 방향에 맞추어 선을 그려 준다

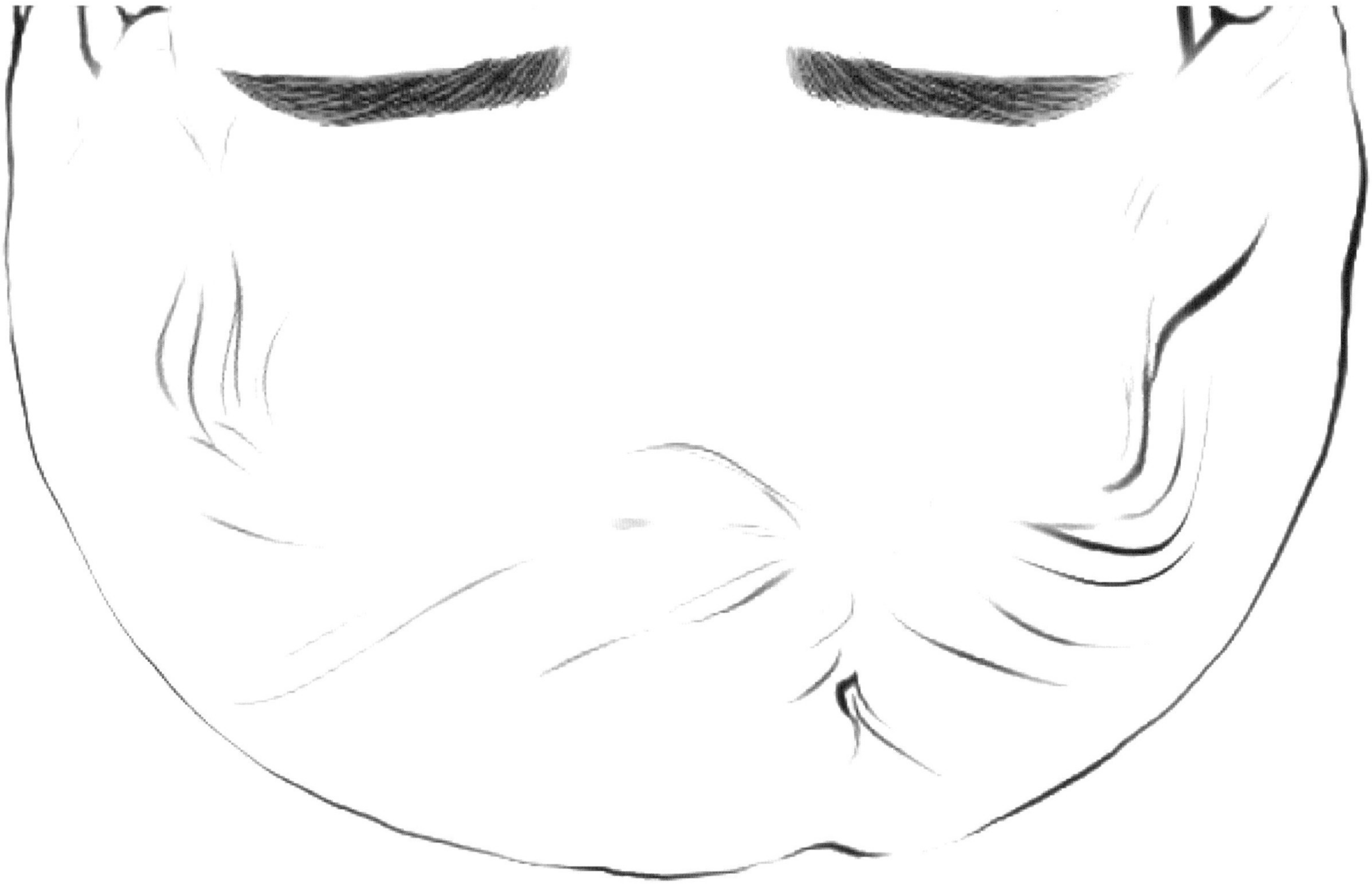

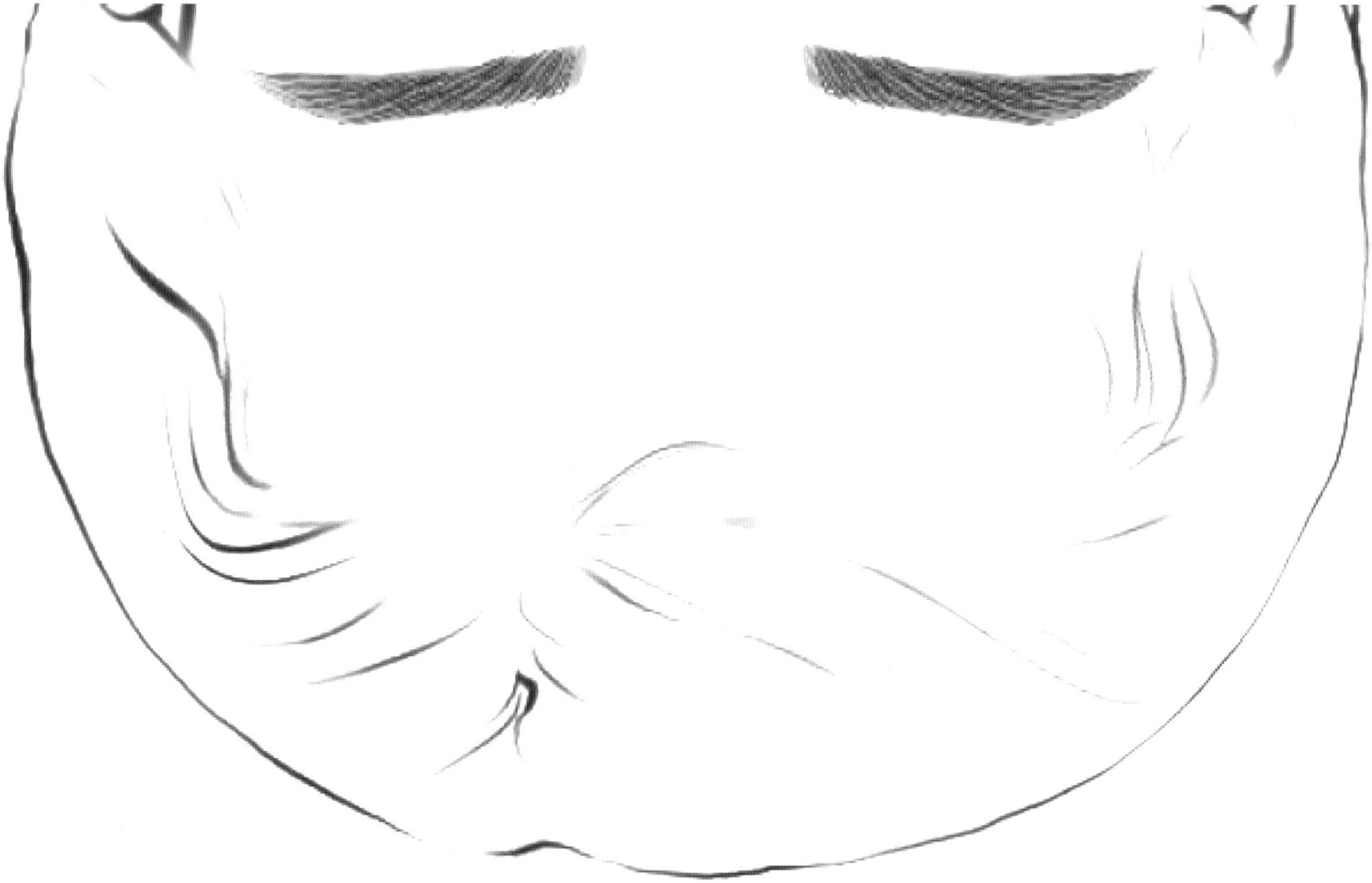

6 얼굴과 디자인

▶여자

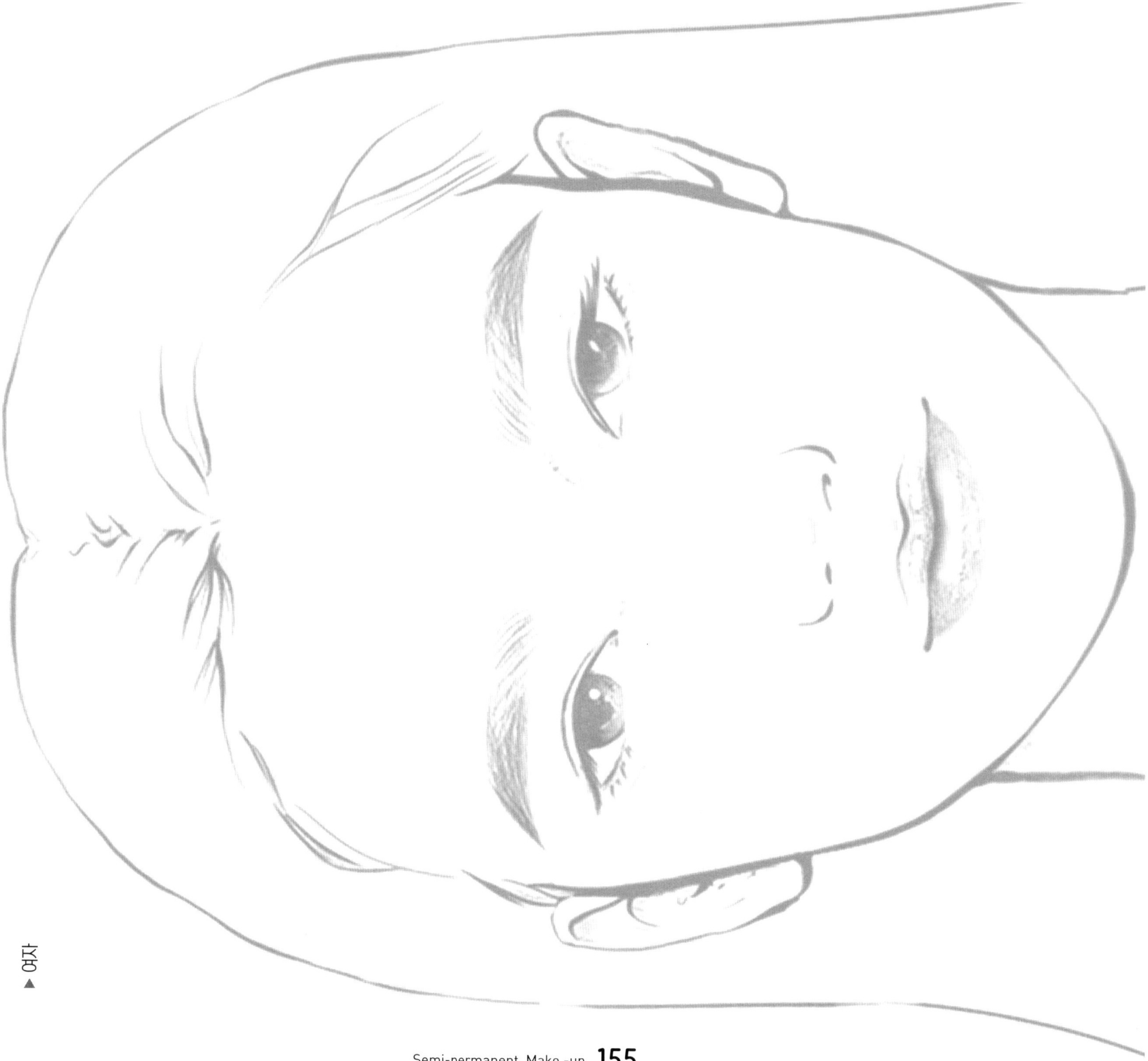

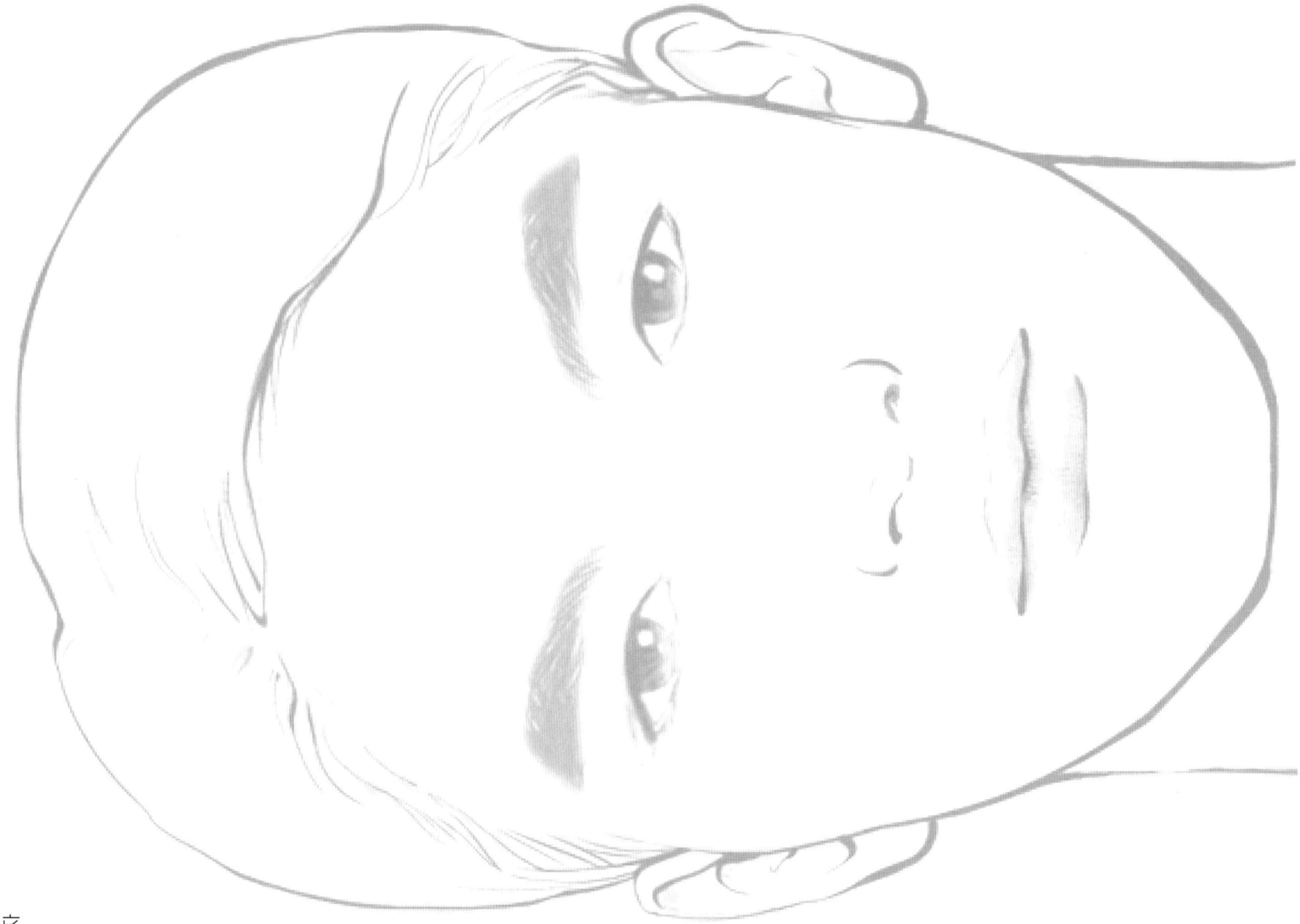

▶ 남자

고객관리카드

성함;

전화번호:

e-Mail:

주소:

상담 내용 및 특이 사항(병력)

1.
2.
3.
4.

반영구화장 시술 전사진	반영구화장 1차 시술사진	반영구화장 2차 시술 사진

저자 **한 지 수**

성신여자대학교 뷰티산업학과 교수

한국메이크업 미용사 중앙회 이사
한국화장품미용학회 이사
I.S.B.L 협의 부회장.
한국색채학회 이사
한국인체미용예술학회 이사
한국 CPI 협회 이사
한국뷰티경영학회 이사
국제뷰티교류협회 이사

국립중앙도서관 출판예정도서목록(CIP)

Semi-permanent make-up : contour make-up design book /
지은이: 한지수. — 서울 : 경춘사, 2018
p. ; cm

ISBN 978-89-5895-170-4 93590 : ₩17000

화장(미용)[化粧]

593.245-KDC6
646.726-DDC23 CIP2018005841

Semi-permanent Make-up
반영구 메이크업

지은이 한지수
발행인 안중기
발행처 도서출판 경춘사
등록번호 제10-153(1987. 11. 28)

인쇄 2018년 2월 20일
발행 2018년 2월 25일

서울시 마포구 마포대로 14길 31-9
경춘빌딩 101호

전화 (02)716-2502, 714-5246
팩스 (02)704-0688
www.kcpub.co.kr

값 **17,000**원

ISBN 978-89-5895-170-4 93590